本书为浙江省自然科学基金项目（项目编号：Y1100085）、浙江省哲学社会科学规划一般项目（项目编号：11JCWH11YB）的部分研究成果。

后工业景观设计

刘抚英　著

同济大学出版社
TONGJI UNIVERSITY PRESS

图书在版编目（CIP）数据

后工业景观设计／刘抚英　著. ——上海：同济大学出版社，
2013.03
ISBN 978-7-5608-5128-0
Ⅰ.①后… Ⅱ.刘… Ⅲ.建筑
Ⅳ.①TU-093.13

中国版本图书馆CIP数据核字(2013)第060480号

后工业景观设计

刘抚英　著

出版策划　宋　磊
责任编辑　马继兰
责任校对　张德胜
装帧设计　陈益平
出版发行　同济大学出版社
（上海四平路1239号　邮编：200092　电话：021-65985622）
网　　址　www.tongjipress.com.cn
经　　销　全国各地新华书店
印　　刷　上海同济大学印刷厂
开　　本　787mm×1092mm　1/16
印　　张　11.5
字　　数　287 000
版　　次　2013年4月第1版
印　　次　2013年4月第1次
书　　号　ISBN 978-7-5608-5128-0
定　　价　35.00元

目录

1 后工业景观的概念与产生背景

1.1 后工业景观的概念

1.1.1 后工业景观定义

后工业景观（Post-Industrial Landscape），也有学者称为“工业景观之后”[1]①,是指人类社会进入后工业社会后，由于传统产业衰退或工业企业区位迁移，工业场地上原有的工业生产活动停止，对遗留在工业废弃地上的设施和场地环境加以保留和更新利用，并选择性地进行艺术加工与再创造，以保护有价值的工业遗产（遗存），发掘和彰显其技术美学特征，传承工业历史文化等多义内涵，并作为环境优化和美化中具有主导意义的景观构成元素来设计和营造的新景观类型。

在景观规划设计和建设实践中，很多情况下并不局限于对景观元素的孤立处理，而是将场地上的各种自然和人工环境要素统一进行规划设计，构成能够为公众提供工业文化学习与体验、休闲、娱乐、体育运动、科教等多种功能的城市公共活动空间。

1.1.2 后工业景观内涵解读

对于后工业景观的内涵，可以从后工业景观设计与营造的历史阶段、对象、目标等方面进行解读。

① 书中上标[]中的数字指的是书后参考文献的编号。

1.1.2.1 后工业景观设计所处的社会历史阶段——后工业社会

“后工业社会”理论始于20世纪50年代末美国社会学家与未来学家丹尼尔·贝尔（Daniel Bell）的学术思想（图1-1）。1959年夏，贝尔在奥地利萨尔茨堡的学术讨论会上首次采用“后工业社会”一词，并提出了他对未来西方社会的设想。在1962年和1967年，他分别撰写了《后工业社会：推测1985年及以后的美国》和《关于后工业社会的札记》两篇论文。1973年，贝尔在其著述的《后

图1-1 丹尼尔·贝尔（Daniel Bell）

工业社会的来临——对社会预测的一项探索》一书中，对“后工业社会”思想作了全面的阐述分析。1976 年，贝尔出版的《资本主义文化矛盾》则着重从文化角度探讨“后工业社会”。

贝尔在其理论研究中提出了“中轴原理”和“中轴结构”的思想，他以技术为中轴，将社会划分为前工业社会、工业社会和后工业社会三种形态。从历时性角度，他认为这是人类社会发展和进步的必然规律；而从共时性角度，前工业社会、工业社会和后工业社会是当今世界上并存的 3 种社会形态。贝尔对社会发展的预测在西方发达国家得到了验证。欧美一些发达国家在 20 世纪 70 年代先后进入了后工业社会，其时一些亚非国家还处于前工业社会和工业社会，使社会发展的演替呈现出比较清晰的阶段划分和地域差异。

1. 前工业社会

前工业社会的经济活动以农业、渔业和林业等第一产业为主，以传统为轴心，经济部门以自然资源为基础，生产力水平较低，技术的水平不足以改变其固有的生产力。

2. 工业社会

工业社会的经济活动以工业或产品制造业等第二产业为主，以经济增长为轴心，以机器技术为基础。在该阶段，生产力水平大幅度提高，技术得到快速发展。资本与劳动力是工业社会的主要结构特征，能源的开发利用为经济增长提供保证。工业社会按发展阶段又分为工业社会初期、工业社会发展成熟期、工业社会后期。

工业社会初期——以劳动力密集型工业为主导，工业布局需要邻近原料产地、能源基地、消费区以降低运输成本，同时还要考虑靠近工人居住生活地。这种产业空间布局造成工业用地及相关的仓储、对外交通、市政公用设施用地等在城市中心区交错布局，交通拥挤，环境污染严重，空间结构混乱，居住环境恶劣（图 1-2）。

图 1-2　工业社会初期伦敦的贫民区[2]

工业社会发展成熟期——该阶段仍以第二产业为主导，但在第二产业内部产业结构发生了优化升级，工业结构向高度化发展，表现为资本和技术密集型的重工业和加工工业逐渐取代了劳动力密集型工业。这一时期另一个突出的变化是以商业、金融业、服务业为代表的第三产业在城市中心区聚集。由于第三产业单位空间的土地收益率高，能够支付高于其他经济活动的地租，对城市中心区优势区位的竞争力更强。随着城市交通网络的完善和通讯业的发展，第二产业的收益率对城市区位的要求降低，而城市中心区的高昂地租和拥挤的空间对第二产业自身的拓展造成约束，使工业企业区位开始向城市郊区转移。

工业社会后期——第二产业内部伴随着机械化程度提高，加工工业逐渐占主导地位。位于中心区的工业对城市环境的负面影响得到了高度关注，很多城市都加大了工业用地调整的力度。随着大型工业企业向郊区大规模迁移，形成了郊区工业带。而郊区良好的生态环境驱动市区人口也出现明显的郊区化倾向，并带动了大型商业的外迁。城市中心区的功能逐渐开始由工业生产和低层级服务向信息处理和高层级服务过渡。

3. 后工业社会

后工业社会经济活动以第三产业为主导，以理论知识为轴心，以信息和知识技术为基础，生产力高度发展，科技精英成为社会的统治主体。而在第二产业内部，信息、电子等高新技术产品制造业的经济增长速度跃居领先地位，传统工业产业在经济活动中的比重下降。

在后工业社会阶段，劳动力密集型工业和部分资本和技术密集型的重工业和加工工业衰退。在工业社会后期已经在城市空间中出现的、由于传统工业衰退和外迁形成的工业废弃地再生的问题进一步凸显，后工业景观应运而生，成为改善和优化城市物质空间环境和传承城市文化的重要对策之一。

1.1.2.2 后工业景观设计对象——工业废弃地上的设施和场地环境

1. 工业废弃地

废弃地，简言之就是弃置不用之地，包括在工业与农业生产、城市建设等土地利用过程中由于自然或人为作用所产生的各种废弃闲置的土地。工业废弃地是其中最主要的形式之一。

工业废弃地是指“受工业生产活动直接影响失去原来功能而废弃闲置的用地及用地上的设施”。工业生产活动影响指的是工业生产活动终止或工业生产过程中所采用的资源生产技术方法。其中的“工业”以第二产业为主要类型，也包括部分与工业生产密切相关的第三产业。见表 1-1。

表 1-1 第二产业及与工业密切相关的第三产业类型[3]

三次产业分类	《国民经济行业分类》（GB/T 4754-2002）类别、名称与代码		
类别	门类	大类	类别、名称
第二产业	B		采矿业
		06	煤炭开采和洗选业
		07	石油和天然气开采业
		08	黑色金属矿采选业
		09	有色金属矿采选业
		10	非金属矿采选业
		11	其他采矿业
	C		制造业
		13	农副产品加工业
		14	食品制造业
		15	饮料制造业
		16	烟草制造业
		17	纺织业
		18	纺织服装、鞋、帽制造业
		19	皮革、毛皮、羽毛（绒）及其制造业
		20	木材加工及木、竹、藤、棕、草制造业
		21	家具制造业
		22	造纸及纸制品业
		23	印刷业和记录媒介的复制
		24	文教体育用品制造业
		25	石油加工、炼焦及核燃料加工业
		26	化学原料及化学制品制造业
		27	医药制造业
		28	化学纤维制造业
		29	橡胶制造业
		30	塑料制造业
		31	非金属矿物制造业
		32	黑色金属冶炼及压延加工业
		33	有色金属冶炼及压延加工业

三次产业分类	《国民经济行业分类》（GB/T 4754-2002）类别、名称与代码		
类别	门类	大类	类别、名称
第二产业	C	34	金属制造业
		35	通用设备制造业
		36	专用设备制造业
		37	交通运输设备制造业
		39	电气机械及器材制造业
		40	通信设备、计算机及其他电子设备制造业
		41	仪器仪表及文化、办公用机械制造业
		42	工艺品及其他制造业
		43	废弃资源和废旧材料回收加工业
	D	电力、燃气及水的生产和供应业	
		44	电力、热力的生产和供应业
		45	燃气生产和供应业
		46	水的生产和供应业
第三产业	F	交通运输、仓储和邮政业	
		51	铁路运输业
		52	道路运输业
		53	城市公共交通业
		54	水上运输业
		55	航空运输业
		56	管道运输业
		57	装卸搬运和其他运输服务业
		58	仓储业
		59	邮政业
	N	水利、环境和公共设施管理业	
		78	水利管理业
		79	环境管理业
		80	公共设施管理业

在外延范畴上，工业废弃地包括废弃工业用地，废弃的专为工业生产服务的仓储用地、对外交通用地和市政公用设施用地，以及沿用资源生产技术方法所形成的采掘沉陷区用地、废弃露天采场用地、工业废弃物堆场用地等，见表 1-2。

表 1–2　　工业废弃地外延范畴表[4]

工业生产活动影响	工业废弃地名称	工业废弃地内容
工业生产活动终止	废弃工业用地	废弃工业厂区、矿区内部的用地。由生产区、辅助生产区、仓储设施区、动力设施区、运输设施区、厂区内公用工程设施区、公共活动区、预留发展用地以及卫生防护带等功能区组成
	废弃的专为工业生产服务的对外交通用地	专指废弃的用于运输煤炭、石油、天然气的交通运输设施用地
	废弃的专为工业生产服务的市政公用设施用地	废弃的供应设施用地、交通设施用地、环境卫生设施用地等
	废弃的专为工业生产服务的仓储用地	废弃的仓储企业的库房、堆场和包装加工车间及其附属设施等用地
沿用资源生产技术	采掘沉陷区用地	采矿、采油沉陷区用地
	废弃露天采矿场地	废弃露天煤矿、金属矿、非金属矿采场
	工业废弃物堆场用地	排土场用地
		尾矿场用地
		矸石堆场、矸石山用地
		废灰渣堆场、废渣山用地

2. 工业废弃地成因

工业废弃地的产生源于三方面因素——

（1）传统矿业、制造业等产业衰退，引致相关企业破产倒闭，使工业生产活动停止。产业衰退现象是经济发展进程中产业结构调整转型的必然产物，是由产业生命周期的基本变化规律决定的。

（2）经济活动推动下的城市产业结构优化升级、用地布局调整、土地制度改革和环境保护需求等导引城市空间结构的变迁，由于工业企业进行空间区位转移而发生了用地置换，原来用地上的工业生产活动停止。

（3）沿用由生产工艺和技术水平所限定的矿产资源生产技术方法对地表环境造成了破坏性影响。例如，矿产资源开采和初加工业所采用的地下井工开采、露天开采等生产技术方法，对地表环境造成的破坏性影响是巨大而广泛的，采掘沉陷区、废弃露天采场、工业废弃物堆场等都是这类生产技术方法的产物。

3. 工业废弃地上的设施和场地环境

工业废弃地上遗留的各种自然和人工要素，包括废弃工业设施和场地环境等，都可以作为后工业景观设计与营造的对象。这些废弃工业设施和场地环境既涵盖了原来直接用于工业生产的工业建筑物、工业构筑物、工业设备、道路交通、照明设施、场地，以及场地上的绿化植被、水体等；也包括为工业生产服务的居住、交通运输、市政、能源、邮政通讯、仓储、办公、休闲娱乐、宗教、教育、医疗等各种设施及其环境。

1.1.2.3 后工业景观设计目标

1. 目标 1：保护有价值的工业遗产（遗存）

后工业景观设计强调对工业废弃地上各历史阶段工业建设遗留下来的具有历史价值、技术价值、社会价值、建筑学价值、科学价值、艺术审美价值的工业遗产（遗存）进行保护和更新利用。对于工业遗产（遗存）中哪些要素应加以保护、维护和修缮，哪些要素可以更新利用和如何进行更新利用，应基于工业遗产（遗存）价值评估指标体系的构建，在对其价值进行综合评估后，选择确定具体的设计和营造对策。

2. 目标 2：发掘和彰显技术美学特征

技术美学是随现代科学技术进步产生的新的、独立的美学分支学科，是研究物质生产和器物文化中有关美学问题的应用美学学科，涉及艺术学、文化学、符号学、哲学、社会学、心理学以及各种技术科学。技术美学创立于 20 世纪 30 年代，最初应用于工业生产，也称工业美学。其后，广泛应用于建筑、运输、商业、农业、外贸和服务等行业。

工业废弃地上遗留的各种设施和场地环境的技术美学特征作为后工业景观中突出的特质，应在设计和营造中进行分析、发掘，并通过艺术和技术手段加以强化和凸显，以形成区别于其他景观风格类型的独特的景观风貌。

3. 目标 3：优化和美化环境

工业废弃地是工业化发展进程中的伴生物，产生了诸多环境负效应，表现为：占用和破坏土地资源，造成土壤、水质、大气等环境污染，诱发地质灾害，引致生态退化，破坏自然生态景观和城市人文景观，等等。而从积极的视角来看，工业废弃地更新利用既然势在必行，那么其所具有的丰富的土地资源和在城市发展历史中所形成的独特的工业文化背景，为城市环境的优化、美化和健康稳定发展提供了机遇和载体。

充分利用遗留在工业废弃地上的工业场地和设施，改变其破残衰败、污染严重的环境现状，构建生态健康、视觉环境优美、富有生机和魅力的新景观环境，并为公众提供适宜于休闲娱乐、文化体验、居住、购物、工作、健身的人居环境，成为设计与营造后工业景观的主要目标之一。

4. 目标 4：传承工业历史文化等多义内涵

工业化社会是人类社会发展进程中的一个历史阶段，对该阶段所形成的、见证了工业文明的演化和变迁过程的具有代表性的工业设施和遗址加以保护、适应性再利用和创新性再生，有助于传承工业历史文化，实现人类文化遗产的连续性、完整性和多元性。而对于熟悉这些工业场所并伴随其成长的公众而言，场所认同、历史记忆和空间精神归属等多义内涵也是在景观规划中不容被忽视的重要因素。

1.2 后工业景观形成背景

后工业景观的形成涉及城市更新、文化遗产保护、现代艺术创作、生态学等诸多专业领域。

1.2.1 城市更新——旧工业区再生

1.2.1.1 城市更新

城市更新是针对工业革命后城市快速发展和大规模扩张所造成的城市人口激增、交通拥挤、环境污染严重、生态退化、特色消失，以及由此衍生的西方发达国家出现“解工业化”（De-industrialization）和城市中心衰退等问题，而提出的城市调节对策。

城市更新始于 20 世纪 50 年代的欧美发达国家，其发展过程历经了 20 世纪 50 年代的城市重建（Urban Reconstruction）、20 世纪 60 年代的城市复苏（Urban Revitalization）、20 世纪 70 年代的城市更新（Urban Renewal）、20 世纪 80 年代的城市再发展（Urban Redevelopment）和 20 世纪 90 年代的城市再生（Urban Regeneration）。其实质不仅在于对城市结构、城市空间、建筑环境、景观环境等物质空间环境的优化和改善，更致力于城市经济、社会、文化等综合问题的解决。

1.2.1.2 旧工业区再生相关研究

与工业废弃地更新利用相关的对于城市更新的研究多以旧工业区作为研究对象。在国外的研究与实践中，西方国家的“城市再生”理论以及英国对政策和实践模式的探索和深化过程，美国对“棕地”的更新改造与再开发的政策、立法、行动计划与实施，德国鲁尔区“埃姆舍公园”的规划和持续建设等，对于后工业景观的设计和营构都有重要的借鉴意义。在国内的研究中，吴良镛先生 1983 年提出了“城市有机更新”理论，引领了我国城市更新理论的发展。20 世纪 90 年代开始的大规模城市开发使我国城市更新改造面临的问题和挑战日益凸显，1995 年，“旧城更新”学术研讨会在西安召开，并于次年成立了城市更新专业学术委员会。

旧工业区再生在我国的城市更新中具有一定代表性。对旧工业区用地更新利用的专题研究有——贾及鹏在《城市工业区改扩建的理论方法研究》论文中，根据对城市工业区的类型、特征、组成、规模与城市关系及现状问题的分析，总结归纳了城市工业区改扩建的一般理论和方法。周陶洪在硕士论文《旧工业区城市更新策略研究》中，通过对大量案例的分析研究，论述了旧工业区更新的综合策略。刘伯英从区位与规模、用地性质转换、用地更新驱动方式、工业建筑再利用、景观塑造等角度探讨了城市工业地段的更新实施[5]。

国内学者对国外典型案例的介绍分析有：吴唯佳对德国鲁尔区埃姆舍园国际建筑展（IBA Emscher Park）带动地区更新的目标和策略作了全面的介绍，指出了更新框架中存在的问题并提出了相应的补救措施，强调对旧工业地区实行社会、生态、经济综合更新策略的必要性[6]。张杰从政策、规划思想和开发实践三方面深刻剖析了伦敦码头区改造的发展历程[7]。张险峰、张云峰对英国伯明翰布林德利地区城市更新中的“混合使用”理念和模式进行了考察研究[8]。刘健对加拿大温哥华格兰威尔岛（Granville Island）更新改造实践作了系统介绍[9]。

此外，近年来国内出现了大量从城市更新角度研究旧工业区（或旧工业地段）再生的理论与实践成果。

1.2.1.3 旧工业区再生与后工业景观设计

基于城市更新的旧工业区再生与后工业景观设计相互关联、相互影响、相互作用，其关系可以从以下几方面进行解读：

（1）旧工业区再生与后工业景观设计都是针对共同的对象——工业废弃地。

（2）旧工业区再生是从城市规划和城市设计层面研究工业废弃地的土地更新利用；而后工业景观设计则是从景观层面探讨用地规划、空间组织、环境设计和公共艺术创作。

（3）旧工业区再生与后工业景观设计都注重在改善和优化环境的基础上，提升土地的经济效益、环境效益和社会效益。但比较而言，前者更偏重于土地经济价值的实现；而后者则更注重于环境生态和视觉艺术质量的提高。

（4）旧工业区再生偏重于整体结构组织；后工业景观设计则既关注整体结构，也关注个体要素。

1.2.2 文化遗产保护——工业遗产保护与再利用

伴随着欧美发达国家进入后工业社会，经济和技术全球化、能源结构变化、产业结构转型、高新技术迅速成长以及可持续环境观等促使曾经辉煌的工业文明走向衰落，深植于人类物质和精神生活中的工业场地、工业景观也发生了角色更替，由工业生产载体演变为废弃遗址、遗迹，并在大规模城市更新运动中逐渐地从人们漠然的视线中悄然逝去。对此，一些学者和社会团体提出，应将见证了工业文明的演化和变迁过程的具有代表性的工业设施和遗址作为人类文化遗产的重要组成部分加以保护，并进行适应性再利用，这一观点得到了国际社会的广泛关注和认同。

工业遗产保护与再利用和后工业景观设计在价值取向和目标指向上密切关联，前者在思想观念、设计方法和技术措施等方面对后者具有重要的借鉴意义。

1.2.2.1 工业遗产的概念

2003 年 7 月，在俄罗斯下塔吉尔（Nizhny Tagil）召开的国际工业遗产保护委员会（The International Committee for the Conservation of the Industrial Heritage，简称 TICCIH）。第 12 届大会上通过了《关于工业遗产的下塔吉尔宪章》（The Nizhny Tagil Chapter for the Industrial Heritage），在该宪章中给出了工业遗产（Industrial Heritage）的定义[①]："工业遗产由具有历史价值、技术价值、社会价值、建筑学或科学价值的工业文化遗存组成。包括建筑物和机械设备，生产车间，工厂，矿山及其加工和提炼场所，仓储用房，能源生产、传输和使用场所，交通及所属基础设施，以及与工业相关的居住、宗教崇拜、教育等社会活动场所。"

1.2.2.2 工业遗产保护与再利用的发展历程

1. 工业考古与工业遗产保护

对工业遗产的研究始于 20 世纪 50 年代英国民间业余研究团体基于"工业考古学"的调研工作。

1973 年，英国工业考古学会成立，并在英国峡谷铁桥（Iron Gorge）博物馆召开了第一届工业纪念物保护国际会议。

1978 年，在第三届工业纪念物保护国际会议上成立了国际工业遗产保护委员会。随后，在欧洲、美国、日本等地区和国家都相继开展了对工业遗产基础资料的调查、整理和专题研究工作。

2003 年 7 月，在俄罗斯下塔吉尔（Nizhny Tagil）召开的 TICCIH 第 12 届大会上通过了国际工业遗产保护的纲领性文件——《关于工业遗产的下塔吉尔宪章》（the Nizhny Tagil Chapter for the Industrial Heritage），宪章提出："为工业活动而建造的建筑物，所运用的技术方法和工具，建筑物所处的城镇背景，以及其他各种有形和无形的现象，都非常重要。它们应该被研究，它们的历史应该被传授，它们的含义和意义应该被探究并使公众清楚，最具有意义和代表性的实例应该遵照《威尼斯宪章》的原则被认定、保护和维修，使其在当代和未来得到利用，并有助于可持续发展。"[②]宪章主要内容包括工业遗产的定义（Definition of Industrial Heritage），工业遗产的价值（Values of Industrial Heritage），工业遗产认定、记录和研究的重要性（The Importance of Identification, Recording and Research），立法保护（Legal Protection），

① 作者译自《关于工业遗产的下塔吉尔宪章》中工业遗产定义的原文：Industrial heritage consists of the remains of industrial culture which are of historical, technological, social, architectural or scientific value. These remains consist of buildings and machinery, workshops, mills and factories, mines and sites for processing and refining, warehouses and stores, places where energy is generated, transmitted and used, transport and all its infrastructure, as well as places used for social activities related to industry such as housing, religious worship or education.

② 引自 http://ih.landscape.cn/tagil.htm 中《关于工业遗产的下塔吉尔宪章》。

维修与保护（Maintenance and Conservation），教育与培训（Education and Training），介绍与说明（Presentation and Interpretation）等七项内容。宪章的发布标志着国际社会对工业遗产保护达成了普遍共识。

2. 世界遗产与工业遗产保护

1972年11月，在巴黎举行的联合国教科文组织大会上通过的《保护世界文化和自然遗产公约》（简称《世界遗产公约》），于1975年12月17日生效以来，世界遗产作为具有突出的普遍价值的“人类共同继承的文化与自然财产”[10]，其保护工作受到国际性的关注、认同和重视。按照《世界遗产公约》的规定，由世界遗产委员会（World Heritage Committee，简称WHC）负责受理申请、审议、公布《世界遗产名录》（World Heritage List），并对遗产项目的保护、管理工作进行监测。国际古迹遗址理事会（ICOMOS）作为非政府咨询机构协助世界遗产委员会对申请列入《世界遗产名录》的项目进行评估。而国际工业遗产保护委员会（TICCIH）作为ICOMOS关于工业遗产的特别咨询机构。其中，《关于工业遗产的下塔吉尔宪章》由TICCIH递交给ICOMOS，获批准后最终由联合国教科文组织确认通过。

《世界遗产公约》指出，文化遗产包括在历史、艺术、科学、人类学等方面具有突出普遍价值的纪念物（Monuments）、建筑群（Groups of Buildings）和古迹遗址（Sites）。一些工业遗存作为文化遗产的特殊组成部分相继被列入到《世界遗产名录》中。20世纪80年代挪威Roros工业市镇、法国Arc-et-Senans的皇家盐厂以及英国特尔福德的峡谷铁桥等工业遗迹率先被收录进《世界遗产名录》。20世纪90年代以后又有德国格斯拉尔（Goslar）矿业城镇、弗尔克林根炼铁厂（Voelklingen Iron Works）、埃森“关税同盟”（Zollverein）煤矿及炼焦厂等一批欧洲和北美的工业遗产被列入该名录（表1-3）。

表1-3　世界遗产名录中收录的代表性工业遗产

工业遗产名称	国家	收录年代	概况
Roros工业市镇	挪威	1980年	始于17世纪的铜矿采掘以及80多座中世纪原木制的木屋
Arc-et-Senans皇家盐厂	法国	1982年	建于1775年路易16时期，工业建筑最早期的代表作
峡谷铁桥（Iron Bridge Gorge）	英国	1986年	世界上第一座钢铁桥梁，近代工业革命的象征
矿业城镇格斯拉尔（Goslar）	德国	1992年	具有包豪斯建筑风格的有色金属矿区和古城中保存完好的约1500座建于15-19世纪的住宅

工业遗产名称	国家	收录年代	概况
恩格斯堡（Engelsberg）钢铁厂	瑞典	1993 年	17–18 世纪生产优质钢材的代表性钢铁厂
弗尔克林根炼铁厂（Voelklingen Iron Works）	德国	1994 年	欧洲保存完整的最具代表性的炼铁厂之一
Verla 木材加工厂	芬兰	1996 年	木材加工厂及其附属的乡村工业居民点
D.F. Wouda 蒸汽泵站	荷兰	1998 年	始建于 1920 年的有史以来规模最大并且仍在运转的蒸汽泵站
中央运河上四座水力升船闸	比利时	1998 年	19 世纪代表性工业景观之一
布莱纳文（Blaenavon）工业城镇	英国	2000 年	钢铁和煤炭生产工业区，包括煤矿、铁矿、采石场、铁路交通系统、住宅区、社区等设施
Derwent 山谷纺织厂	英国	2001 年	18–19 世纪英国现代化棉纺织厂
法仑（Falun）铜矿开采区	瑞典	2001 年	展现 13 世纪以来铜矿开采形成的独具特色的景观
埃森“关税同盟”（Zollverein）煤矿及炼焦厂	德国	2001 年	历史采矿遗址以及具有代表性的现代采煤设施、建筑物。重点是第 12 号井架
Humberstone and Santa Laura 硝石工厂	智利	2005 年	由硝石车间和工人新村组成。形成独特的具社会影响力的公社文化

资料来源：http://ih.landscape.cn/tagil.htm.

1.2.2.3 工业遗产保护与再利用案例选介

1. 德国埃森“关税同盟”煤矿Ⅻ号矿井及炼焦厂[11]

埃森“关税同盟”煤矿Ⅻ号矿井建于 1928 年，并于 1932 年建成投产，曾经是欧洲最大的矿井，主要为“德意志联合钢铁厂”提供能源。由于采用了当时最先进的机械化采掘和运输技术，矿井在最初运营的三年间日产煤 12000 吨，是区域内其他矿井平均产量的四倍。煤矿建筑群的设计者是当时在鲁尔区声望很高的工业建筑师弗雷兹·斯库珀（Fritz Schupp）和马丁·克雷默（Martin Kremmer）。他们希冀将该建筑设计成城市居民引以为傲的、象征城市工业文明的纪念碑。建筑师在建筑形式上采用了“包豪斯”风格，并认真推敲了建筑群体在不同视点的透视效果以求在整体空间关系上取得和谐统一。Ⅻ号矿井巨大的四轮井架凌驾于建筑群之上，并在群体空间中起主导控制作用，以其独特的尺度和形式成为地区的重要标志，被称为“鲁尔区的艾菲尔塔”（图1-3）。该厂区建成后，被誉为当时世界上最现代、最优美的煤矿建筑群。矿井在1986年12月停产关闭后得到了有效保护。

“关税同盟”炼焦厂也是由建筑师弗雷兹·斯库珀（Fritz Schupp）设计。1957年开始建设，1961年建成投入使用，是日产焦炭5000吨的大型炼焦厂。受钢铁产业危机的影响，工厂于1993年停产关闭，1995年“工业遗迹与工业历史文化基金会”（the Foundation of Industrial Monuments and Historical

图1-3 具有地域标志意义的Ⅻ号矿井井架

Culture）接管了该厂区并将其整合到区域城市与生态再生的“埃姆舍公园”（IBA）计划中。

德国埃森“关税同盟”煤矿Ⅻ号矿井及炼焦厂工业遗产保护与再利用的主要对策：

（1）Ⅻ号矿井的原锅炉房更新利用为“红点设计博物馆”(图1-4)。

（2）洗煤厂房的原内部大空间通过结构改造和重新装修，在水平方向上分隔为四层，用作展览空间。原厂房内的结构构件都用作布设展品的载体，各层之间通过增设的楼梯和电梯联系。

（3）在建筑外部采用封闭的自动扶梯直接将参观者送达二层大厅，新植入的交通要素采用了金属与玻璃材料，与原建筑材料形成对比，但其形体与厂区群体建筑中大量采用的斜向封闭运输设施取得了新旧元素在视觉上的“同构关联”，(图1-5、图1-6)。

（4）原涡轮压缩机房更新为CASINO餐厅，炼焦厂中的设备用房更新利用为小餐厅(图1-7)。

（5）冷却塔外围护表皮被剥离掉后，保留了其原有的钢结构构架，既展现了新的构成形态，又隐含了设施本体原有特征，成为富有意趣的雕塑艺术品(图1-8)。

（6）厂区的整体结构包括空间结构、交通体系、主要标志物、重要节点、场地环境等，进行了全面保护，在此基础上，充分发掘场地上各种建筑与

图1-4 红点设计博物馆

图1-5 建筑中新植入的斜向封闭交通要素

图 1-6　原有建筑群中的斜向封闭运输设施

图 1-7“关税同盟”炼焦厂设备用房更新为小餐厅

图 1-8　冷却塔改造为雕塑

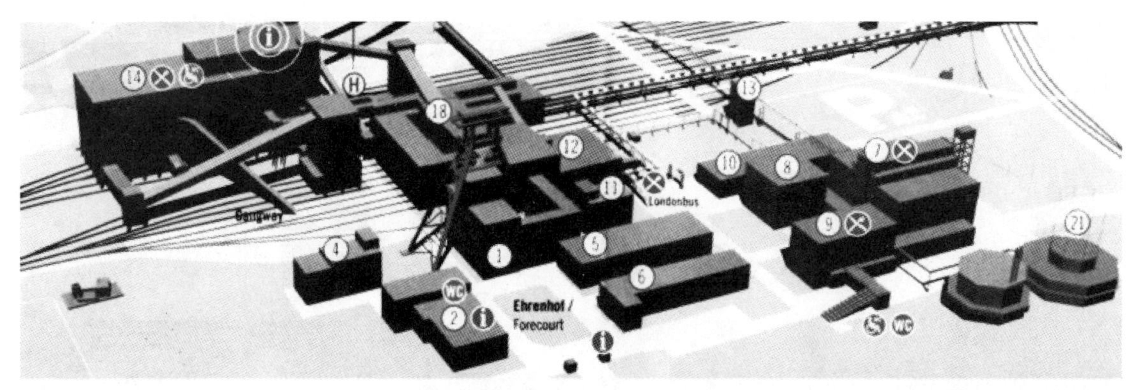

1. 井架和井口房
2. 原配电站，现为“工业遗产之路”综合信息中心
5, 6. 原车间厂房，现为现代艺术展厅
7. 原锅炉房，现为红点设计博物馆
8. 原高容量压缩机房
9. 原涡轮压缩机房，现为Casino餐馆
10. 原车间厂房，现为办公楼
12. 煤炭分拣整理车间
13. 灰渣储仓
14. 原洗煤厂，现为展厅
16. 煤仓
21. 原冷却塔，现为雕塑

图 1-9“关税同盟”煤矿Ⅻ号矿井建筑群保护性综合再利用示意图

设施的空间潜力并赋予其新的功能，实现了群体综合性再利用（图 1-9）。

（7）工业建筑与设施群体虽然大部分都已具有了新功能，但其外部形态及其相互关系展示了工业生产工艺流程和技术特质，可以作为游客了解和学习工业技术和工业历史的工业文化博物馆。图 1-10－图 1-12 是炼焦厂具有技术震撼力和技术美学特征的设施群体构成了巨大的室外工业

图 1-10　炼焦厂内的工业设施之一

图 1-11 炼焦厂内的工业设施之二

图 1-12 炼焦厂内的工业设施之三

文化博物馆。

（8）炼焦厂保存完好的工业设施和场地再利用为室外展场。在该场地中已举办了几个重要的展会，其中最具影响的是1999-2000年的“日、月和星辰——能源文化的历史”（Sun, Moon and Stars – The Cultural History of Energy）主题展览会。

（9）炼焦厂厂区中的设施改造利用作为市民休闲、娱乐、体育健身和聚会活动的场所。例如，炼焦厂的冷却水池作为冬季溜冰场（图1-13）。

图1-13 炼焦厂的冷却水池作为冬季溜冰场

2. 德国多特蒙德“卓伦”Ⅱ号、Ⅳ号煤矿[12]

多特蒙德“卓伦”Ⅱ号、Ⅳ号煤矿是由盖尔森基兴矿业公司（Gelsenkirchen Mining Company）于1898年在原来的农田上开始建造、1904年完成的具有示范意义的煤矿。煤矿在1902年开始生产出煤，是最早利用电力能源进行矿业开采的煤矿之一。

1966年，煤矿由于地区结构性产业危机而停产关闭，煤矿建筑面临拆除。在当地工人、居民和地方工业保护主义者的共同努力下，地方政府在1969年接管了该煤矿，并对它采取了保护措施，将其更新为永久性博物馆，用于展示鲁尔区矿业历史和社会文化等内容，包括休闲、培训、健康与卫生、灯光与照明、危险性、安全性、事故防范等多个展览单元。现在该煤矿作为威斯特法仑工业博物馆（简称WIM，是区域内8座分布于各地的工业博物馆的总称）的总部。

“卓伦”Ⅱ号、Ⅳ号煤矿工业遗产保护与再利用的主要对策：

（1）煤矿整个厂区的建筑群保存完整，包括Ⅱ号提升井、Ⅳ号通风井、分拣车间、炼焦车间、发动机房、锅炉房、管理办公建筑、标签检验办公室、仓库、灯房、盥洗用房、工资发放大厅、煤矿车站、氨水车间等。

（2）煤矿建筑群由一组整体和谐统一、庄严而又精美的工业建筑构成——灰色瓦屋顶，新哥特式（Neo-Gothic）的山墙立面，俄罗斯式的洋葱顶，典雅的红砖外墙面以及间杂的白色抹灰墙面，精致的装饰构造，拱券型门窗洞口，灰绿色的窗框、窗棂，衬于红砖墙面上的金属装饰分隔条，等等，都会使人仿佛置身于历史悠久的大学校园之中（图1-14-图1-19），只有与整个环境形成鲜明对比的灰绿色金属矿井井架才会使游人意识到所处的真实的工业建筑环境。

图 1-14“卓伦”Ⅱ号、Ⅳ号煤矿建筑外观之一

图 1-15“卓伦”Ⅱ号、Ⅳ号煤矿建筑外观之二

图 1-16 “卓伦” Ⅱ号、Ⅳ号煤矿建筑外观之三

图 1-17 “卓伦” Ⅱ号、Ⅳ号煤矿建筑外观之四

图 1-18“卓伦”Ⅱ号、Ⅳ号煤矿建筑外观之五

图 1-19“卓伦”Ⅱ号、Ⅳ号煤矿建筑外观之六

图 1-20　发动机房外观

（3）煤矿的“发动机房”是一栋在整个群体中有独特个性的建筑（图 1-20），采用了钢框架结构、简练的体型和金属屋面，通透的大玻璃窗将室内的金属结构构件暴露出来，通过彰显技术特征来暗示该建筑所承载的现代化动力功能。发动机房装饰着精美彩色玻璃的椭圆形入口立面非常著名（图 1-21），具有典型“新艺术派”（Art Nouveau）风格特征，是整座建筑群的标志性形象之一。

图 1-21　发动机房主入口

图 1-22 休闲体验设施

（4）利用煤矿的标签检验办公室、盥洗室、灯房、工资发放大厅等建筑空间，以鲁尔区采矿工业的社会和文化历史为主题，展示工业生产过程、工业产品、工业文化、社会经济、工人生活与工作环境。

（5）煤矿中设置了可以供游客进行休闲体验活动的火车机车和车厢、铁路路轨、运输信号装置、货场等设施（图 1-22）。

1.2.3 现代艺术创作——大地艺术[13]

现代艺术创作中的极简主义、观念艺术、行为艺术、波普艺术、大地艺术等都直接或间接地对后工业景观设计产生影响。其中，大地艺术的影响最直接、最显著，也最具代表性。

1.2.3.1 大地艺术概念

大地艺术（Land Art，Earthworks 或 Earth Art）是艺术家们以大地上的平原、丘陵、峡谷、山体、沙漠、森林、水岸甚至风雨雷电、日月星辰等自然环境为背景，以地表的自然物质诸如岩石、土壤、砂、水、植被、冰、雪、火山喷发形成物以及人工干扰自然留下的痕迹（例如工业废弃地、建筑物、构筑物）等为载体进行创作的艺术形式。大地艺术家受极简主义、观念艺术、行为艺术等影响，放弃了在室内进行绘画、雕塑等艺术创作，突破了画室、美术馆、博物馆等传统的创作、展示和欣赏艺术的空间限制，超越固有的以人为艺术主体的观念，在广阔的天地之间，运用简单原始的形式，创造超大尺度的、富有浪漫色彩的、与自然物质及其演化过程同构共生的艺术作品，展现了大自然的力量，诠释了艺术家们对艺术的全新理解和感悟。

1.2.3.2 大地艺术发展历程及其特征

大地艺术起源于20世纪60年代的美国。1968年10月在美国纽约Dwan画廊举办的题为“Earthworks”展览和1969年2月在美国康奈尔大学的White博物馆举行的题为“Earth Art”的展览中展出了大部分早期大地艺术家的作品，这两次展览是大地艺术起源的标志。

20世纪60年代末到70年代后期是大地艺术的萌芽和成长期。艺术家们在这一阶段创作了许多深具影响的著名大地艺术作品。例如，克里斯托和珍妮·克劳德夫妇于1969年创作完成的“包裹海岸”（Wrapped Coast），迈克尔·海泽在1969-1970年完成的“双重否定”（Double Negative），史密森于1970年4月建造在美国犹他州大盐湖岸边的“螺旋形防波堤”（Spiral Jetty）（图1-23），德·玛利亚于1977年创作的“闪电原野”（The Lightning Field）（图1-24）等。这一时期的大地艺术作品特征鲜明，主要表现为：

（1）多采用巨大体量来显示自然的力量，不拘于细节。许多大地艺术作品在正常的视角下难以窥其全貌，必须远观甚至在飞机上俯瞰才能欣赏到它们完整的形象。

（2）体现了对自然的尊重，强调人与自然的和谐关系。艺术家们通过对自然环境的轻微扰动或稍加润饰，

图1-23 “螺旋形防波堤”

图1-24 “闪电原野”

力求提升环境景观质量并得到观赏者对自然的关注。

（3）运用艺术手段回应工业文明所造成的生态环境问题。史密森认为“艺术可以成为自然法则的策略，它使生态学家与工业家达成和解。生态与工业不再是两条单行道，而是可以交叉的。艺术为他们提供了必要的辩证”。他还提出大地艺术应关注人类活动尤其是工业文明造成的降质（Degraded）环境，使废弃的工业场地及工业设施的艺术审美价值被重新认识和评价。

（4）受极简主义的影响，大地艺术多采用点、线、环、圆、锥体、螺旋、柱体等简单原始的基本几何型，认为抽象性的“原型”可以通过“群体无意识”被阅读。

（5）强调在艺术创作过程或作品中表达时间因素和生态演化过程。例如在“闪电原野”作品中，广阔天穹下空寥的新墨西哥州大地上架立了400根（16×25排列）高6.27m高的不锈钢杆，在多雨季节，当雷电来临时，这些不锈钢杆在接引雷电的瞬间变成了连接天地之间的媒介，体现了对自然力量的瞬间反应；而“螺旋形防波堤”建成以后由于湖水上涨而沉入水下，从空中俯瞰若隐若现，表现了作品随着时间的缓慢流逝和自然的侵蚀而逐渐消融的生态过程。

20世纪80年代和90年代是大地艺术的成熟和转变期。这种转变体现在从前一阶段的自然审美转向对社会问题、历史责任、环境生态、社会发展走向的深入思考。在这一观念下，大地艺术成为沟通的介质，其内涵得到进一步扩展。该阶段代表性的是克里斯托和珍妮·克劳德夫妇的一系列运用帆布、尼龙布、塑料、绳索等材料对物体进行包裹、捆扎的大地艺术作品。其中最具影响力的是1995年6月17日完成的对德国国会大厦的包裹，艺术家试图通过这一作品建立不同价值观、不同意识形态的政治力量之间的对话并引发了对艺术态度及价值的争议。

在这一时期，大地艺术的思想观念、形式语言等对现代景观设计产生了重要影响。首先，大地艺术适于室外展示、采用自然材料、表现为超大尺度以及作品自身融入自然变化的过程等特质，模糊了艺术与景观之间的界限，进而推动了景观作为空间中雕塑的创作倾向。其次，大地艺术形式语言中所表现出的对抽象基本几何形的偏好也为现代景观设计师借鉴和推崇。另外，大地艺术针对降质环境修复的艺术实践活动得到了景观设计师的关注和更积极的推动。例如，在后工业景观设计中就有很多应用大地艺术手法的创作案例。

1.2.3.3 大地艺术对工业废弃地的改造

针对工业废弃地的艺术与景观改造发端于20世纪60年代西方艺术家的艺术创作活动。20世纪70年代，工业废弃地开始受到大地艺术家的重视。艺术家们通过在工业废弃地上进行艺术创作来表达对工业技术、环境问题、社会问题以及生态问题的强烈关注。由于大地艺术对环境的轻度扰动使其与工业废弃地生态恢复与重建过程可以相容，而且粗犷质朴、简练明晰、富有震撼力的艺术形式也极大地提高了环境品质，大地艺术逐渐成为工业废弃地更新改造的一个重要手段和表达媒介。

在美国，运用大地艺术改造工业废弃地的实践工作始于20世纪70年代末。1979年8月，美国的一些大地艺术家举行了题为“大地艺术：运用雕塑进行土地更新”（Earthworks：

图 1-25　罗伯特·莫里斯创作的“无题”

Land Reclamation as Sculpture）的论坛和设计展览，大地艺术家们利用工业废弃地实现了一系列大地艺术作品。例如，罗伯特•莫里斯利用矿坑创作了名为“无题”的露天剧场（图1-25）；密歇尔•海泽利用伊利诺斯矿山上的废渣塑造了5个巨型动物形体，称为“古冢象征雕塑”(图1-26-图1-28)。

在欧洲，利用工业废弃地进行大地艺术创作的代表性作品是始于1991年的德国科特布斯大地艺术、装置艺术与多媒体艺术双年展。该展览以科特布斯的露天矿

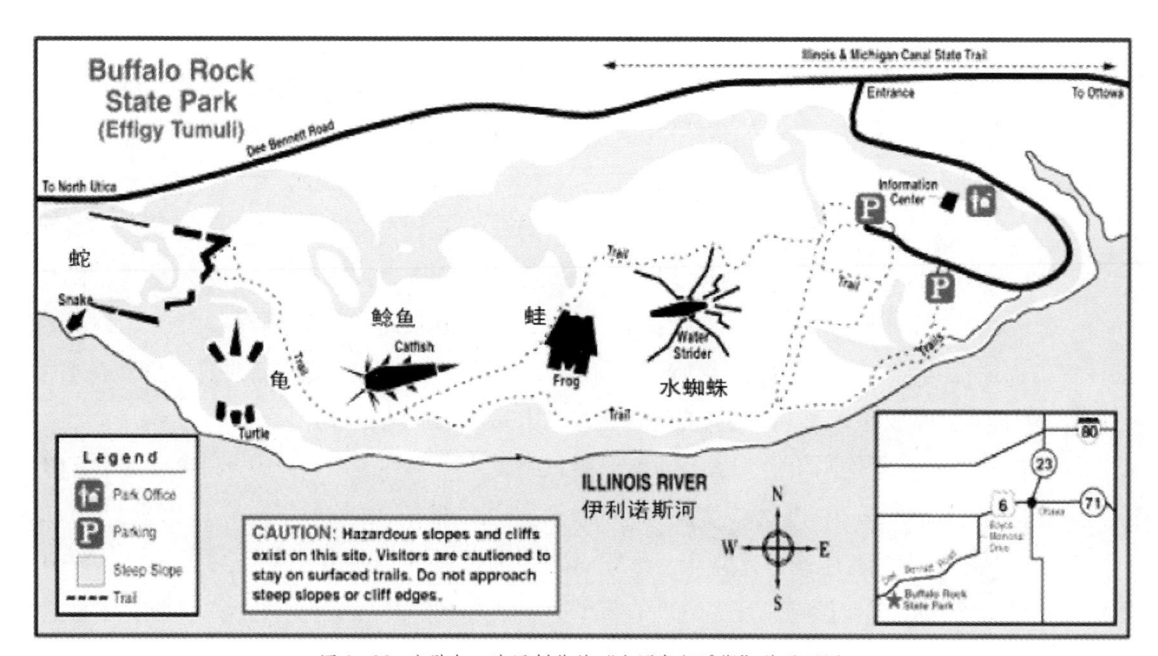

图 1-26　密歇尔·海泽创作的“古冢象征雕塑”总平面图

图 1-27 “古冢象征雕塑”中的“水蜘蛛”雕塑

图 1-28 “古冢象征雕塑”中的“鲶鱼”雕塑

图 1-29 科特布斯矿坑边的大地艺术作品

坑改造为主题背景，利用矿坑现有的环境资源和废弃设施，邀请各国艺术家进行创作，完成了很多富有美学价值和浪漫情趣的景观艺术作品（图1-29、图1-30）。其后，景观设计师在工业废弃地改造的景观设计项目中，也运用大地艺术手法做了很多尝试和探索。

1.2.4 生态学——生态保护和生态恢复

1.2.4.1 生态学思想对城市和景观设计的影响

工业文明造成了城市环境污染、自然生态破坏、交通拥挤、城市布局混乱和居住质量下降，进而带来了诸多的社会问题。为改善城市居住环境，恢复城市与自然生态的和谐关系，美化城市景观，规划师、建筑师、景观建筑师们在城市改建或新建规划中开展了致力于环境优化的探索。

从1853年到1870年的“巴黎改建”计划是一项重要的城市美化运动，其主要措施包括：在市区内修建了大面积的城市绿地公园；通过对城市东西向主轴“香榭丽榭大道”的拓延，将东郊和西郊的森林公园纳入到城市整体绿化系统中；加强城市滨河绿地和城市林荫道等带状绿地的建设；等等。

1857年，美国著名景观设计大师奥姆斯特德（Frederick Law Olmsted）受英国自然风景园的影响，设计完成了位于纽约城市中心的“中央公园”，将大片自然生态嵌入到城市市区，引领了美国城市公园的建设风潮。

1898年，英国社会活动家霍华德在其著作《明日，一条通向真正改革的和平道路》（1902年再版时更名为《明日的田园城市》）中，从城市规划建设和社会改革的角度，提出了建立兼具城市和乡村优点的理想城市——“田园城市”（Garden City）的理论。该理论主张保护城市生态，倡导通过城市内部和周边稳定、健康、具有自调节能力的自然生态为城市生态环境质量提供保障。

现代主义建筑大师勒·柯布西耶在其1925年出版的城市规划理论著作《明日之城市》中，提出了现代城市规划应遵循的一些基本原则。其中一条重要的原则就是增加绿化植被（城市之“肺”）和公共开放空间的面积，以保证城市与自然生态的充分融合。而赖特在其理想城市模型“广亩城市”中，倡导保护城市生态环境，强调公

图1-30 科特布斯矿坑边的大地艺术作品

共绿地系统、农场、果园等在城市布局中的重要意义。

20世纪60年代，麦克哈格（I. L. McHarg）在著名的《设计结合自然》一书中，从整体上将大尺度的景观环境看作一个相对完整的生态系统，提出应用生态学原理进行景观规划，并在纽约斯塔藤岛土地利用规划项目中，创造性地采用了用于生态适宜性分析的“地图叠加法”。他将生态学思想与景观规划设计融合，开创了生态景观设计的新时代。

20世纪80年代后，基于对人类环境问题深刻反思的可持续发展思想得到国际社会普遍认同，注重环境生态已成为城市规划、景观设计、建筑设计等专业领域的重要趋势，在同时期走向成熟的后工业景观设计伴随着北杜伊斯堡景观公园等一系列经典案例的建设实施，将生态学思想深植于景观设计的理念和方法中，并逐渐产生广泛和深远的影响。

1.2.4.2 工业废弃地的生态环境负效应

工业废弃地引致诸多的生态环境负效应，具体表现为[3]：

1. 造成环境污染

（1）土壤污染——在工业厂区内外露天堆积的工业废弃物受雨水和地表径流的冲刷、淋溶，使其中的毒害成分渗入到土壤中，造成土壤的酸碱污染、有机物质污染和重金属污染。当这些污染物超过土壤的消纳和自净能力时会在土壤中沉积，改变土壤的组成结构和功能。土壤污染在生物地球化学循环作用下还会发生迁移，向外界输送污染物质，降低附近区域的环境质量，对生物和人体健康造成严重威胁。

（2）水质污染——资源开采过程中产生的疏干水、矿坑水、废矿石淋溶水、选矿废水中含有有毒矿物质和放射性物质，会对地表水和地下水造成污染。

（3）大气污染——矸石山（堆场）、尾矿场等在风力作用下会产生风蚀扬尘污染；煤矸石中的硫铁矿物质和碳物质容易发生自燃，并向大气中排放有毒气体。

2. 诱发地质灾害

工业废弃地诱发的地质灾害主要有——采矿沉陷区和露天采矿场易引发滑坡、崩塌、塌落、地震、泥石流等一系列次生地质灾害；矸石山会发生山体滑坡、坍塌等地质问题；高压注水采油会引起地层的形变加剧，出现地质沉降、地面隆起、裂缝、冒水等地质异常现象。

3. 引起生态退化

（1）水土流失——地下开采抽排大量地下水造成地下水位下降，引发土壤贫瘠和植被退化，形成大面积裸地，容易被雨水和地表径流冲刷；露天开采对地表的挖损以及外排土和尾矿石堆积，在地面上形成较大起伏和较多沟槽，提高地表水流速，使水土被冲刷流失的强度增大。

（2）土壤退化——露天开采对地表土壤的挖掘和移除以及对植被的破坏、地面沉陷积水形成的土壤次生盐渍化、固体废弃物堆积在淋溶作用下对土壤的污染、地下水位降低形成的土壤裂隙等，都引发土壤养分缺失和生态承载力下降。

（3）生物多样性降低——水土流失、土壤退化、环境污染、植被破坏等造成工业废弃地土质差、土壤营养元素缺乏、生物生产力下降，引致生态系统退化和生物多样性降低。

面对工业废弃地所造成的环境

破坏和生态退化，一些景观建筑师开始探索通过景观设计和营造的手段解决人居环境恶化的问题，在环境污染治理的前提下，基于生态学理论的生态保护和生态恢复技术方法得到重视和应用。

1.2.4.3 工业废弃地生态保护和生态恢复

1. 生态保护

后工业景观思想认为，工业废弃地的生态保护应充分尊重场地上原生和次生的自然生态系统及其自然演化过程；倡导对场地上的自然生态环境遵循最小干扰的原则，并维护其系统结构和谐、物质和能量高效利用、生物群落自然演替和生态系统健康。

（1）结构和谐：生态系统结构包括空间结构（不同地域和不同垂直高度上的生态系统分层结构）、时间结构（昼夜相和季节相）和物种结构（多样性变化）。生态系统中的结构和谐包括系统结构与功能协调、系统内生物与环境协调、生物群落内各组分间的共生和竞争关系相辅相成等，使系统在运营中能够节约物质和能量，减少风险，获得最大的整体功能效益。

（2）物质和能量的高效利用：从物质利用角度，生态系统某个梯级组分所产生的“废弃物”可作为下一梯级的“原料”，实现营养物质在系统中的循环利用。从能量利用角度，能量流动是生态系统得以维系的重要支撑，系统内的生命物质都尽可能摄取一切可利用的能量，实现能量高效利用。例如，对工业废弃地上遗留下来的各种废弃物，可以作为景观构成要素加以充分利用，降低其输出到外环境中所产生的干扰影响。

（3）生物群落演替①：工业废弃地上生物群落演替的一般过程表现为，工业生产活动形成次生裸地→生物侵移（生物有机体的繁殖结构进入裸地）、定居及繁殖→环境变化（非生命成分随生命成分的变化而变化）→通过物种竞争出现物种随环境变化的梯度→各物种达到竞争平衡进入协同进化阶段。后工业景观设计中应采取技术措施维护生物群落演替所需的生态环境。

（4）生态系统健康：健康的生态系统对外界干扰具有一定的自调节能力，能保持系统内部相对稳定性，其进化总是朝着生物多样化、结构复杂化、功能完善化的方向演变。健康的生态系统也是后工业景观生机和活力的表征。

2. 生态恢复

根据国际恢复生态学会（Society for Ecological Restoration）的定义，生态恢复是研究生态整合性的恢复和管理过程的科学，生态整合性包括生物多样性、生态过程和结构、区域及历史情况、可持续的社会实践等范围（Jackson et al. , 1995）[14]。

生态恢复的对象是退化生态系统。退化生态系统实质上是生态系统演替的一种特殊类型，是生态系统在外界干扰（人为干扰、自然干扰）作用下形成的与自然状态发生偏离的系统。表现为构成系统的种群、群落或系统结构发生改变，生物多样性减少，生物生产力下降，土壤和微环境恶化，生物间相互关系改变，等等。外界干扰愈

① 生物群落按照一定的顺序由一种类型向另一种类型演变的过程称为群落演替。通过群落演替，自然资源和能量的利用更加有效，群落结构更趋完善，物种组成及数量保持相对稳定和平衡。

强，生态系统退化的程度愈高。例如，农田或草场的沙化、盐碱化、荒漠化等都是生态退化的具体表征。造成生态系统退化的原因主要是人类活动和自然灾害，其中人类的开发活动是最主要的原因。例如，人类的矿产资源采掘活动形成的采矿沉陷区造成地表土层破坏、营养元素缺乏、生物资源衰减等诸多生态学问题，是生态极端退化的例子。

后工业景观主张对工业废弃地上退化的生态系统进行恢复与重建。针对工业废弃地生态恢复的一般程序是：首先，对工业废弃地受损的地形地貌进行恢复，使土地表层稳固；其次，采用物理、化学、生物技术添加营养物质，去除土壤中的污染物和有毒物质，对土壤系统进行修复；再次，筛选适宜的植物种类进行栽种并加以养护；最后，逐步恢复和重建整个生态系统。

1.2.5 旅游学——工业遗产旅游

1.2.5.1 旅游业的特征与经济作用

旅游业作为目前第三产业经济发展的先导，具有广泛的产业关联度和综合性、敏感性[①]的产业特征。旅游业属于劳动密集型产业，能为社会提供更多的就业岗位。旅游业是无形的出口创汇产业，主要提供无形的体验、经历以及相关服务。

旅游业的经济作用表现为收入分配效应、基础设施效应和环境效应。

在收入分配方式上，旅游业的收入首先由旅行社进行初次分配，经过初次分配后的各类资金通过旅游从业人员收入再分配、旅游企业收入再分配、政府税收再分配三个主要途径，经由与旅游业发生经济联系的相关部门和企业再投向国民经济各部门。

在基础设施建设上，旅游业能有效推动旅游地建立配套完整的基础设施以提升旅游综合接待能力。

在环境改善方面，旅游资源与周围环境需形成和谐共生的良性关系。随着生态理念和可持续发展理论对旅游业的渗透影响，生态旅游、自然旅游、可持续旅游、绿色旅游、环境远征等注重游客在旅游过程中了解和参与生态环境保护的主题旅游项目的发展对生态环境优化起到了积极促进作用。

1.2.5.2 遗产旅游与工业遗产旅游

遗产旅游活动最初产生于 18 世纪晚期的欧洲，但 1975 年欧洲的“建筑遗产年”是遗产旅游成为大众消费需求的标志，遗产保护在这一年随着城市历史的“遗产中心”的广泛影响而得到大力促进。而遗产旅游的大规模开展则始于 20 世纪 80 年代。

关于遗产旅游的定义较多，一般指“到遗产地的旅游”。世界旅游组织将遗产旅游定义为“深度接触其他国家或地区自然景观、人类遗产、艺术、哲学以及习俗等方面的旅游”。耶尔（Yale.P）在 1991 年

① 旅游业的敏感性表现在供给和需求两方面。从供给角度，旅游资源及其配套设施设备只有与旅游服务相结合才能成为旅游产品；受季节性波动影响旅游业表现为明显的周期性波动，进而对就业和投资也造成波动影响。从需求角度，旅游业受社会政治、经济、自然环境变化的影响，尤其是诸如自然灾害、流行疾病、社会动乱、经济危机等突发性外部因素的影响尤为显著。

提出，遗产旅游是指“关注我们所继承的一切能够反映这种继承的物质与现象，从历史建筑到艺术工艺、优美的风景等的一种旅游活动”。布赖恩•加罗德（Brian Garrod）和艾伦•法伊奥（Alan Fyall）则认为，遗产旅游“能从历史建筑物、艺术品、美丽的风景中得到任何意义”。亚居夫•波利亚（Yaniv Poria）在2001年提出，遗产旅游是一种基于旅游者动机与认知的旅游类型，是一种基于观光者动机和感知而不是特定场所属性的现象。Zeppal和Hall认为，遗产旅游是基于怀旧情绪和希望体验多样化的文化景观和形式。学者们从不同角度给出遗产旅游的定义，可以看出，这种旅游方式已得到越来越多的关注和研究，并已经成为一种重要的旅游取向。

对于工业遗产旅游，格拉汉姆在《往事不会重现：旅游——未来的怀旧产业》中认为，工业遗产旅游源于“怀旧情结”。对于进入到后工业社会的人们来说，知识经济时代对工业社会传统的冲击以及城市“逆工业化”潮流的影响，使人们开始怀念工业时代的社会生活，而工业遗产由于提供了这种对工业文化进行怀旧体验和回忆的载体而逐渐成为具有重要影响的旅游资源品。深圳大学的刘会远和李蕾蕾认为，工业遗产旅游是从工业化到逆工业化的历史进程中出现的一种从工业考古、工业遗产的保护而发展起来的新的旅游形式；是在废弃的工业旧址上，通过保护和再利用原有的工业机器、生产设备、厂房建筑形成一种能够吸引现代人们了解工业文化和文明，同时具有独特的观光、休闲和旅游功能的新方式[15]。

1.2.5.3 工业遗产旅游与后工业景观

率先进入后工业社会的西方发达国家为解决传统工业区经济衰退和保护工业废弃地上的工业遗产等问题，提出将工业废弃地上得到保护的工业遗产、经过艺术重构的后工业景观以及正在运营中的各种工业企业整合，组构成能为游人提供有关工业文明演变历程和发展现状的生动活化的科普教育“博物馆”或“展览公园”，开发能够保护和延续城市工业历史文脉、彰显工业文化特质的工业遗产旅游模式。工业遗产旅游将学习参观、科普教育与休闲活动等内容结合起来，在旅游业的带动下塑造具有厚重历史感的城市文化环境，有利于提升地方文化的知名度、美誉度和区域影响力。

后工业景观作为与工业遗产保护密切关联的景观营造方法，在工业旅游开发的推动下得到了较大发展，由单体后工业景观设施拓展为具有旅游休憩功能的后工业景观公园，进而发展为区域工业遗产旅游网络。区域工业遗产旅游网络最典型的案例是德国鲁尔区的工业遗产之路（RI）和跨越整个欧洲大陆的欧洲工业遗产之路（ERIH）。

2 后工业景观基本属性与设计原则

2.1 后工业景观构成要素

后工业景观的构成要素包括：工业废弃地上的工业相关设施、废弃工业场地环境和工业废弃物。

2.1.1 工业相关设施

工业相关设施包括工业废弃地上的工业综合生产设施、专用仓储设施、专用交通运输设施、城市市政设施以及为工业生产服务的邮政通讯设施、居住设施、公共服务设施等。

2.1.1.1 工业综合生产设施

工业综合生产设施是指在工厂区内用于工业生产的各种建筑物、构筑物和设备。本书选取部分工业类型分析其工业综合生产设施的构成。

1. 煤矿

（井工采煤）煤矿主要有煤炭洗选车间、机修车间、井口房、绞车房、矿灯房、煤仓、矿井井架等建、构筑物。其构成参见图 2-1 案例。图 2-2、图 2-3 是在煤矿中具有标志意义的煤矿矿井井架和各具特色的煤矿矿井井口房和绞车房。

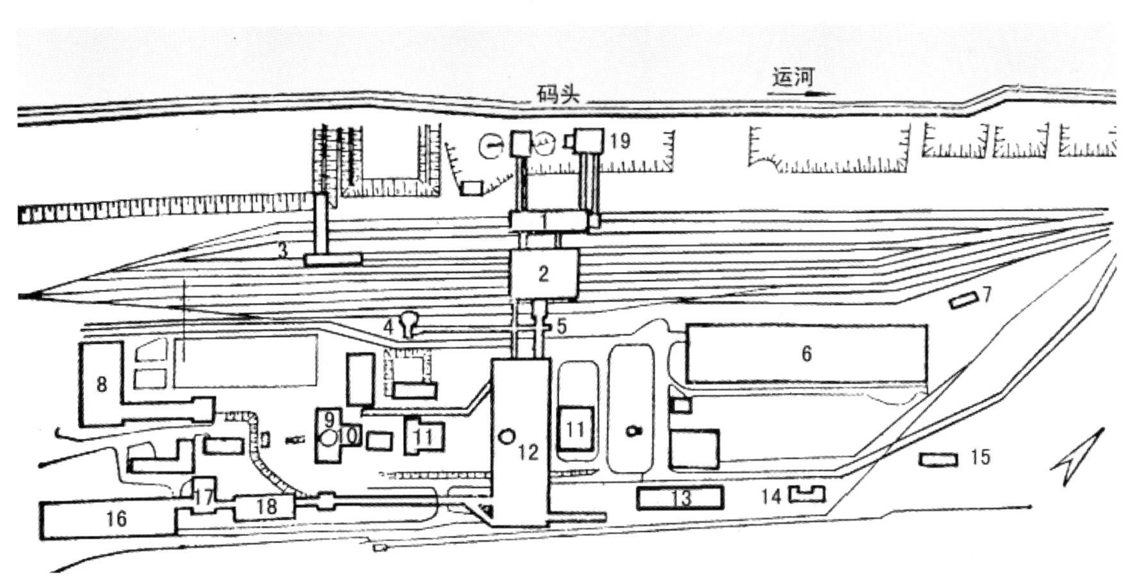

1. 粉煤洗选；2. 块煤洗选；3. 装车仓；4. 煤车翻转；5. 矸石转载；6. 坑木材料场；7. 水泥车；8. 机修车间；9. 井口房；10. 绞车；11. 绞车房；12. 井口房；13. 配电；14. 变电所；15. 介质库；16. 浴室；17. 医疗；18. 矿灯房；19. 煤仓。

图 2-1 某煤矿总平面布置图 [16]

图 2-2　具有标志意义的煤矿矿井井架

图 2-3　各具特色的煤矿矿井井口房和绞车房

2. 炼钢厂

炼钢厂主体功能区包括电炉区、精炼区、连铸区、除尘区、水处理区等。具体设施包括混铁炉车间、加料车间、炼钢高炉（平炉、转炉）车间、钢水接受车间、炉渣间、开关站、烟气净化车间、循环水泵站、污水处理设施以及连铸水处理设施、煤气柜及加压站、机修设施、检化验设施、通讯设施、制氧站、空气压缩站、变配电站、锅炉房、烟囱、仓库、运输设施、市政设施、管理办公等。图 2-4– 图 2-7 是废弃后作为工业遗产保留完整的德国弗尔克林根钢铁厂厂区内的工业设施。

图 2-4 弗尔克林根钢铁厂保留完整的工业设施群体

图 2-5 弗尔克林根钢铁厂保留的工业设施

图 2-6 弗尔克林根钢铁厂保留的工业设施

图 2-7　弗尔克林根钢铁厂保留完整的工业设施群体

3. 焦化厂

一般由备煤、炼焦、回收、精苯、焦油、其他化学精制、化验和修理等生产车间厂房以及动力、交通运输、库房、市政设施、管理办公等设施组成。

4. 采油厂

包括井场装置、计量站、集输管线、转油泵站、油库、注水站、配水间、供水工程设施、输配电设施、供热设施、管理办公等。图 2-8 是采油厂中具有标志意义的采油钻井井架和采油机。

5. 机械制造厂

机械制造厂的类型较多，例如机床制造厂、工程机械制造厂、挖掘机械制造厂、采矿机械制造厂、钻井机械制造厂、粮食机械制造厂、起重装卸搬运机械制造厂、纺织机械制造厂、水利机械制造厂、物流机械制造厂、包装机械制造厂、建材机械制造厂、粉碎机械制造厂，等等。

不同类型机械制造厂的工业生产设施不同，概括起来主要有以下几类车间厂房及相关设施——铸造车间、锻造

图 2-8　具有标志意义的钻井井架和采油机

车间、热处理车间、铆焊机加综合车间、精密车间、油漆车间、装配车间、检验测试车间、工具车间、设备维修车间、原材料库房（料仓）和堆场、半成品库房、成品库房、动力站、交通运输设施、市政设施、管理办公等。

6. 纺织厂

主要设施包括：主厂房（包括布机车间、前纺车间、细纱车间、后加工车间等）、金工车间、机修车间、配套车间，原棉仓库、废棉仓库、机物料仓库、成品仓库、油库，锅炉房、烟囱、煤场、渣场、高压开关室或变电所、制冷站、水泵房、水塔、水池，电瓶车库、卡车库、消防车库、一般车库，管理办公、食堂、浴室等服务设施。

7. 食品厂

主要有生产车间、辅助生产设施、动力设施、给排水设施、废弃物堆场、运输设施、服务设施等。

不同食品工厂的生产车间不同。例如，罐头厂有实罐车间、空罐车间、饮料车间等；乳品厂有消毒奶车间、酸奶车间、奶粉车间、花色奶车间、炼乳车间等；饼干厂有曲奇车间、韧性车间、酥性车间、苏打车间、威化车间等。

辅助生产设施包括包装车间、机修车间、化验室、中心试验室、原料库、材料库、成品库等各种仓库等。

动力设施主要有供电设施、供汽设施、空压机房、制冷站等。

服务设施包括办公室、食堂、医务、洗衣房等。

8. 造船厂

造船厂主要包括钢材等材料库房和堆场、部件堆场、钢材预处理、切割加工、船体加工、分段装配（平面分段装配、曲面分段装配）、分段总组、船建造坞、出坞、码头测试等设施。造船厂主要设施及生产流程参见图 2-9。图 2-10－图 2-11 是经保护与更新的杭州大河造船厂。

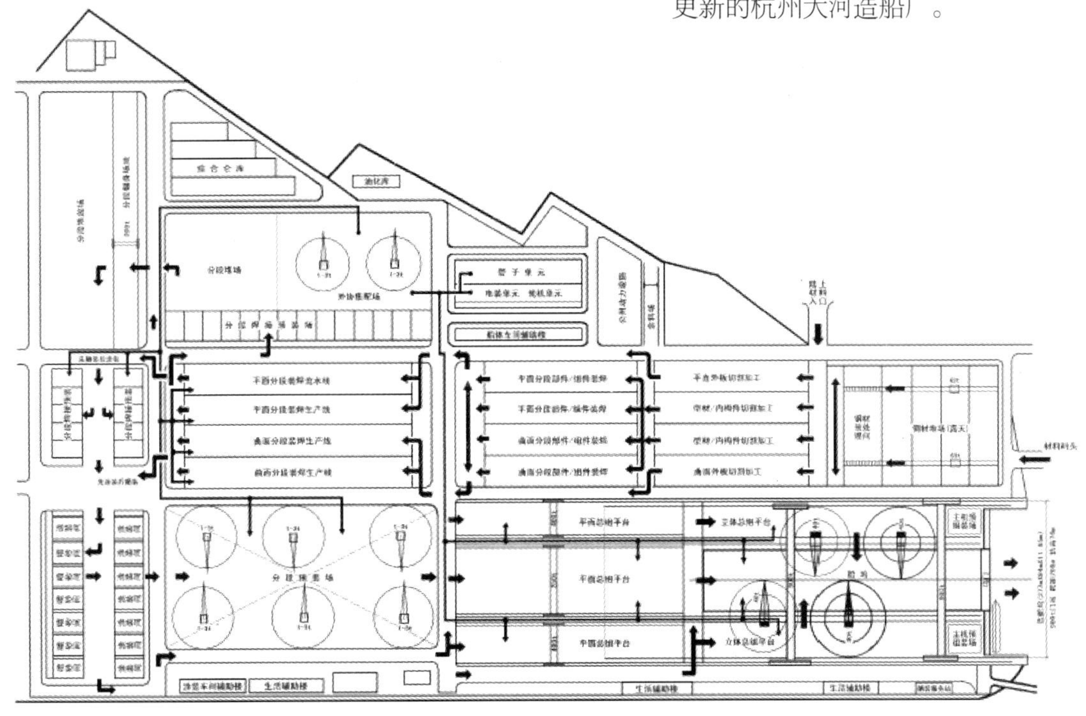

图 2-9　扬州大洋造船厂二期工程主要设施及流程示意图

图 2-10　杭州大河造船厂建筑群区位示意图

图 2-11　杭州大河造船厂建筑群外观

9. 火力发电厂

火力发电厂主要包括燃烧系统、汽水系统和电气系统及其他一些辅助设施和服务设施。

燃烧系统是由输煤、磨煤、粗细分离、排粉、给粉、燃烧、除尘、脱硫等设施组成。汽水系统是由锅炉机组、汽轮机、凝汽器、除氧器、高低压加热器、凝结水泵和给水泵等设备及管道组成，以锅炉为核心，包括凝给水系统、再热系统、回热系统、冷却水（循环水）系统和补水系统。电气系统包括汽轮发电机、励磁装置、变压器、高压断路器、升压站、配电装置等组成，以汽轮发电机为核心。

在电厂群体外观上，锅炉机组、汽轮发电机组、冷却塔、烟囱等构成火力发电厂的标志性形象。图 2-12、图 2-13 是保留的上海南市发电厂主厂房、烟囱，更新为上海世博园“城市未来馆”。

图 2-12 经保护更新的上海南市发电厂

图 2-13 经保护更新的上海南市发电厂

2.1.1.2 专用仓储设施

仓储设施可以划分为以下类型[17]：

（1）单层仓库；

（2）多层仓库；

（3）露天仓库；

（4）高架仓库；

（5）地下仓库；

（6）筒仓。

2.1.1.3 专用交通运输设施

（1）铁路货运站场；

（2）公路货运站场；

（3）水上运输港口、码头；

（4）停车库、修车库；

（5）高架运输管道；

（6）机车、吊车等各种起重运输设备；

（7）桥梁；

（8）船闸。

2.1.1.4 市政设施

（1）给水设施（建筑物、构筑物和设备）；

（2）排水设施（建筑物、构筑物和设备）；

（3）雨水设施（建筑物、构筑物和设备）；

（4）污水处理设施（建筑物、构筑物和设备）；

（5）热力设施（建筑物、构筑物和设备）；

（6）电力设施（区别于用于工业生产的能源动力建筑物、构筑物和设备）。

2.1.1.5 邮政通讯设施

用于邮政通讯的各种建筑物、构筑物和设备。

2.1.1.6 居住设施

居住设施是指工厂员工居住社区内的各种设施，包括宿舍楼、住宅楼及其他为居住服务的社区零售商业、幼儿园、学校、车库等。

2.1.1.7 公共服务设施

指的是为工业生产服务的各种公共服务设施，包括休闲娱乐、宗教、教育、医疗等建筑物、构筑物和设备。

2.1.2 场地环境

工业场地环境包括工业场地中的自然生态环境和人工环境，主要有：

（1）道路；

（2）露天矿坑；

（3）采煤沉陷地；

（4）露天工业原材料堆场；

（5）露天工业废弃物堆场；

（6）绿化植被；

（7）生物群落。

2.1.3 废弃物

（1）废弃工业产品；

（2）废弃工业中间品；

（3）废弃工业原材料；

（4）废弃工业设备；

（5）废弃建材与建筑构件。

2.2 后工业景观类型

2.2.1 按区位划分

按照后工业景观设施或后工业景观园区与城市市区的区位关系，后工业景观可以划分为城市后工业景观和郊野后工业景观。

1. 城市后工业景观

城市后工业景观位于城市中心区或边缘区，利用建于城市市区或近郊的原工业厂区废弃或迁移后所形成的废弃工业设施设计营造形成。城市后工业景观与城市建成区在空间上相连接，与城市其他社区之间有较便捷的交通联系和较密切的空间依存性。例如，美国西雅图煤气厂公园、法国巴黎雪铁龙公园、沈阳铁西工业景观走廊、北京798文化创意园、上海世博园等园区内的后工业景观都属于城市后工业景观。

2. 郊野后工业景观

郊野后工业景观与城市市区的区位关系主要有交叉型、邻接型、飞地型三种类型。很多是由大型工业厂区、采掘沉陷区、露天采矿场、工业废弃物堆场营建成的后工业景观生态郊野公园。后工业景观生态郊野公园的主要特征为：(1)作为后工业公园，立足于工业废弃地的改造利用；(2)作为生态公园，包含了生态恢复与重建的技术措施与实施过程；(3)作为郊野公园，在区位上位于城市边缘或远离城市市区的飞地。

营造后工业景观生态郊野公园意义在于，通过污染治理和生态恢复与重建工程可以提高生态效益，改善城市生态环境，优化景观质量，为城市市民创造亲近自然的休闲活动场所，也为开发生态旅游和休闲娱乐旅游提供空间载体。由于我国大量的工业废弃地已经开展或正面临着生态恢复与重建，因此在相当长的一段时期内，营建后工业景观生态郊野公园（例如矿山公园）将成为城市工业废弃地土地更新利用的方向之一。德国北杜伊斯堡景观公园、诺德斯特恩公园、中国唐山南湖公园、抚顺市西露天矿森林公园等都是利用工业废弃地营建的后工业生态郊野公园。

2.2.2 按尺度层级划分

2.2.2.1 单体设施层级后——工业景观设施

单体后工业景观设施是指采用艺术和技术手段，以废弃工业设施或场地（建筑物、构筑物、设备、材料、场地地表痕迹等）为对象，基于保护和再生而设计和营造的后工业景观作品，是后工业景观的基本要素。

2.2.2.2 地段与工业厂区层级——后工业景观公园

后工业景观公园指的是依托工业废弃地上的后工业景观，将场地上的各种自然和人工环境要素统一进行规划设计，组织整理成能够为公众提供工业文化体验以及休闲、娱乐、体育运动、科教等多种功能的城市公共活动空间。后工业景观公园发端于20世纪六七十年代欧美发达国家，成熟于20世纪90年代的德国。国内外利用工业废弃地建设后工业景观公园的部分典型案例见表2-1

表 2-1 后工业景观公园的典型案例

项目名称	所在国家城市（地区）	区位	规模	工业废弃地类型
北戈尔帕公园	德国北戈尔帕地区	远离市区	19km^2	露天采矿区
钢铁城公园	德国德骚附近	远离市区		露天矿场
北杜伊斯堡公园	德国杜伊斯堡	远离市区		废弃钢铁厂
科特布斯公园	德国科特布斯地区	远离市区	30km^2	露天采矿区
诺德斯特恩公园	德国盖尔森基兴	城市郊区	100hm^2	废弃煤矿场
城西公园	德国波鸿	城市郊区	70hm^2	废弃煤矿场和钢铁厂
砖瓦厂公园	德国海尔布隆	城市市区	15hm^2	废弃砖瓦厂
港口岛公园	德国萨尔布吕肯	城市市区	9hm^2	废弃煤码头
西雅图煤气厂公园	美国西雅图	城市市区	8hm^2	废弃煤气厂
丹佛城北公园	美国丹佛	城市市区	5.7hm^2	废弃净水厂
拜斯比填筑公园	美国帕罗·奥托		12hm^2	废弃垃圾填埋场
波士顿水泥总厂	美国波士顿			废弃水泥厂
河谷绿景园	美国萨卡拉门托		13hm^2	废弃采矿场
路易斯维尔公园	美国路易斯维尔		345hm^2	废弃港口
甘特里公园	美国纽约	城市市区	7.7hm^2	西皇后区码头
贝尔西公园	法国巴黎		14hm^2	废弃贝尔西酿酒厂
雪铁龙公园	法国巴黎	城市市区	13hm^2	废弃汽车厂
拉维莱特公园	法国巴黎	城市市区	55hm^2	废弃屠宰场、杂货场
毕维利采石场	法国克莱弗坦山谷	远离市区	10hm^2	废弃采石场
比乌特绍蒙公园	法国巴黎	城市市区		废弃采石场/垃圾场
泰晤士河岸公园	英国伦敦	城市市区	9hm^2	废弃化工厂
爱堡河谷公园	英国爱堡河谷	远离市区	80hm^2	废弃煤矿钢铁区
穆斯托采石场	瑞士莱茵山谷	远离市区	28hm^2	废弃石灰岩采石场
westergasfabrie 公园	荷兰阿姆斯特丹	城市市区		废弃煤气厂
悉尼奥运公园	澳大利亚悉尼	远离市区	440hm^2	废弃采石场、垃圾场
仙游岛公园	韩国首尔	城市市区	11hm^2	废弃净水厂
中山岐江公园	中国广东中山	城市市区	11hm^2	废弃造船厂
沈阳铁西工业景观走廊	中国辽宁沈阳	城市市区		沈阳拖拉机厂等 232 家大中型已严重亏损国有企业
唐山南湖公园	中国河北唐山	城市市区	14km^2	采煤沉陷区
北京首钢工业公园	中国北京	城市市区		废弃钢厂
北京 798 文化创意园	中国北京	城市市区	60hm^2	废弃电子器材厂
上海宝山国际节能环保园	中国上海	城市市区	32hm^2	废弃铁合金厂
上海城市雕塑艺术中心（红坊）	中国上海	城市市区	5.6hm^2	废弃钢厂
上海世博园	中国上海	城市市区		废弃上海江南造船厂
上海徐家汇公园	中国上海	城市市区		废弃大中华橡胶厂
宁波太丰面粉厂文化创意园	中国宁波	城市市区	4hm^2	废弃面粉厂

2.2.2.3 工业区层级——后工业城镇

以工业设施群体、工业地段、工业区等为核心的整体保存完好的工业历史城镇，可以在维护城镇独特个性的基础上，通过制定规划和政策，逐步开展适度的旅游开发，来传承历史文化、促进文化交流、提升城镇知名度和美誉度、增进商业活力，建构工业区层级的后工业城镇。典型后工业城镇的案例是收录进《世界遗产名录》中的挪威（Roros）矿业镇、德国矿业城镇格斯拉尔（Goslar）、英国工业城镇布莱纳文（Blaenavon）。

其中，挪威 Roros 矿业镇是建于 17 世纪（1646 年）的矿业（铜矿）城镇，有 80 多座保护完好的中世纪原木建成的木屋，1980 年列入《世界遗产名录》，见图 2-14、图 2-15。德国赖迈尔斯堡矿和格斯拉尔古城（Mines of Rammelsberg and Historic Town of Goslar）已有 1000 多年有色金属矿（铜矿、银矿）采矿历史，有保护完整的中世纪城镇（王宫）、约 1 500 座住宅、15 世纪的矿井塔和具有包豪斯建筑风格的有色金属矿区建筑（20 世纪 30 年代），1992 年列入《世界遗产名录》，见图 2-16、图 2-17。英国工业城镇布莱纳文（Blaenavon）由建于 1787 年的钢铁工业区形成，主要包括煤矿、铁矿、采石场、砖场、铁路交通系统、住宅区和社区设施，2000 年 列入《世界遗产名录》，见图 2-18、图 2-19。

图 2-14 挪威 Roros 矿业镇

2.2.2.4 工业区域层级——区域性后工业景观公园与后工业景观游览线路

工业区域层级的后工业景观包括区域性后工业景观公园和后工业景观游览线路。区域性后工业景观公园的典型案例是国际建筑展埃姆舍公园（IBA）；后工业景观游览线路的典型案例是德国鲁尔区工业遗产之路（RI）和欧洲工业遗产之路（ERIH）。

1. 国际建筑展埃姆舍公园 (IBA)[①]

德国埃姆舍地区（Emscher-Region）在区域空间意义上是指多特蒙德与杜伊斯堡之间沿埃姆舍河流域的工业都市圈，区域内面积约 784km^2，沿东西轴向长 80km，南北轴向 18km；该地区包括 17 个城市，地区总人口约 200 万。区域范围见图 2-20。为推动该地区的生态环境和经济结构的更新和持续发展，将地区的工业、历史文化、教育、劳动力、土地资源、区位条件、交通等优势条件转化为发展潜力，北莱因—威斯特法伦州政府的区域规划联合机构（KVR）于 1989 年开始启动“国际建筑展埃姆舍公园”（International Building Exhibition Emscher Park，简称 IBA）

① IBA EmscherLandscape Park，http://esd.env.kitakyu-u.ac.jp.

图 2-15　挪威 Roros 矿业镇中世纪木屋

图 2-16　德国赖迈尔斯堡矿和格斯拉尔古城整体鸟瞰

图 2-17 德国赖迈尔斯堡矿和格斯拉尔古城中心广场

图 2-18 英国布莱纳文工业城镇

计划，组建了政府型的IBA公司作为项目开发的管理和协调机构，推进该计划的实施。[①]

IBA的实施进程共包括3个十年规划。第1个十年规划（1989-1999）的目标是完成计划中的示范项目的实施。第2个十年规划（2000-2010）的目标是建立补充框架，在公众的推动和支持下循序渐进地实施原来制定的项目计划。第3个十年规划（2010-2020）的目标是重建埃姆舍河道系统，同时开发一个名为“埃姆舍河谷”的东西轴向的绿色廊道景观，作为未来埃姆舍公园发展的新框架。按照计划，IBA公司负责IBA的第一个十年发展规划（1989-1999）的编制和实施管理；1999年以后，IBA公司解散并将新发展计划（2010总体规划）的管理工作移交给接续的鲁尔项目公司（Projects Ruhr），负责推动鲁尔区新项目发展。埃姆

图2-19　英国布莱纳文工业城镇

图2-20　德国国际建筑展埃姆舍公园（IBA）区域范围示意图

① IBA-Internationale Bauaustellung Emscher Park，http://www.iba.nrw.de.

舍公园计划包括七大主题。

（1）主题1：绿色框架——埃姆舍景观公园（The Green Framework-The Emscher Landscape Park）。基于对20世纪20年代由“鲁尔煤矿区房屋协会”提出的“区域绿色走廊”计划目标的实现，该主题提出将320km^{2}区域范围内保护和再生的绿地连接成一个链状的绿地空间结构，构建成完整的区域性公园系统。该项目的理念在于通过开放空间整合、景观恢复和提升环境的生态和美学质量，实现区域内居民的生活和工作环境的持续改进。在区域内规划了7条南北轴向的绿色廊道，邀请世界著名的建筑和景观设计师共同参与规划和设计区域内的主题公园，包括北杜伊斯堡公园、城西公园、诺德斯特恩公园等。绿色框架计划在1999年之前全面开始运行。

（2）主题2：埃姆舍河道系统再生（Regeneration of the Emscher River System）。埃姆舍河道系统过去曾是大量生活污水和工业废水排放的载体，是开放的“排污系统”。经过生态恢复后将使其转变成为动植物栖息的场所和城镇居民娱乐、休闲的景观区域。

（3）主题3：在公园中工作（Working in the Park）。对废弃的土地重新利用和组织，建设现代化的商业、服务设施及科学园区，并布置大量的绿色开放空间。各种工作场所都建设在优美的高质量的生态和建筑环境中，犹如“在公园中工作”。

（4）主题4：新技术链（A Chain of Technology Centers）。吸引和支持高新技术企业进入该区域。

（5）主题5：工业纪念物（Industrial Monuments）。工业化过程在该区域留下了大量的工业遗迹，应作为工业文化的见证和标志以及重要的旅游资源加以保护和更新利用。

（6）主题6：住宅建设和城市开发（Housing Construction and Urban Development）。通过新建住宅和旧住宅的现代化改造改善居民的居住环境（Living in the Park）和生活方式，并带动城区更新。

（7）主题7：社会创新，就业和培训（Social Initiatives, Employment and Training）。创新性的活动和项目带动了整个地区的结构性自我活化，提供了新的培训机制和就业机会。

可以看出，整个建设计划涵盖了污染治理、生态恢复与重建、景观优化、产业转型、文化发掘与重塑、旅游业开发、就业安置与培训以及办公、居住、商业服务设施、科技园区的开发建设等环境、经济、社会多个层面的目标和措施，是综合性的用地更新改造策略。虽然计划的名称是“国际建筑展埃姆舍公园”，但景观公园建设只是从属于“绿色框架”主题的子目标之一，是基于建构“绿地空间结构”目标下对景观文化内涵、美学价值、生态思想的深入发掘和积极推动。在州政府、城市、企业和市民的共同推动下，历经十余年的建设埃姆舍公园计划已取得很大成效。截至2001年共计有300多个项目已完成或正在运行。

2. 德国鲁尔区工业遗产之路（RI）

鲁尔区位于德国的北莱因—威斯特法伦州，处于莱茵河、鲁尔河、利伯河之间，具有发达的内河港口、铁路和公路运输条件。鲁尔区工业历史悠久，在德国的近代工业发展历史中占有重要地位，素有“德国工业的引擎”之称。鲁尔以煤炭开采和钢铁生产为基础，逐渐发展成包括煤炭、钢铁、机械制造、化工、电力等行业在内的德国乃至欧洲最大的工业区。第二次世界大战期间，鲁尔区作为重要的资源生产和加工制造工业区为德国战争机器的运转起到了不可替代的支撑作用，但在战争后期遭到了严重破坏。战后经过重建该地区仍为德国西部最重要的工业基地。进入20世纪50年代中期以后，由于受到世界能源结构的转变和科学技术发展的冲击，鲁尔区传统的采煤和钢铁工业走向衰落，面临着严重的结构性危机。针对这种状况，政府采取了一系列措施推动鲁尔区经济结构的转变和地区复兴。在鲁尔区复兴的各项对策中，工业遗产的保护与再利用在物化地区历史发展进程、彰显工业文化特质以及塑造独特的地区形象等方面发挥了不可替代的作用。

工业遗产之路的德文为Route Industriekultur，简称RI；英文为Industrial Heritage Trial。德国鲁尔区的区域规划制定机构于1998年规划了一条覆盖整个鲁尔区、贯穿区内全部工业旅游景点的区域性游览路线，称作“工业遗产之路”。①

1）主要景点

工业遗产之路连接了15座工业城市、25个重要的工业景点（包括6座国家级的博物馆），还有14个能鸟瞰全景的观景制高点和13处典型工人村。（表2-2、图2-21）。

2）交通设施

工业遗产之路连接了围绕鲁尔区的400km长的环形线路以及总长度为700km的自行车路网（图2-22），在工

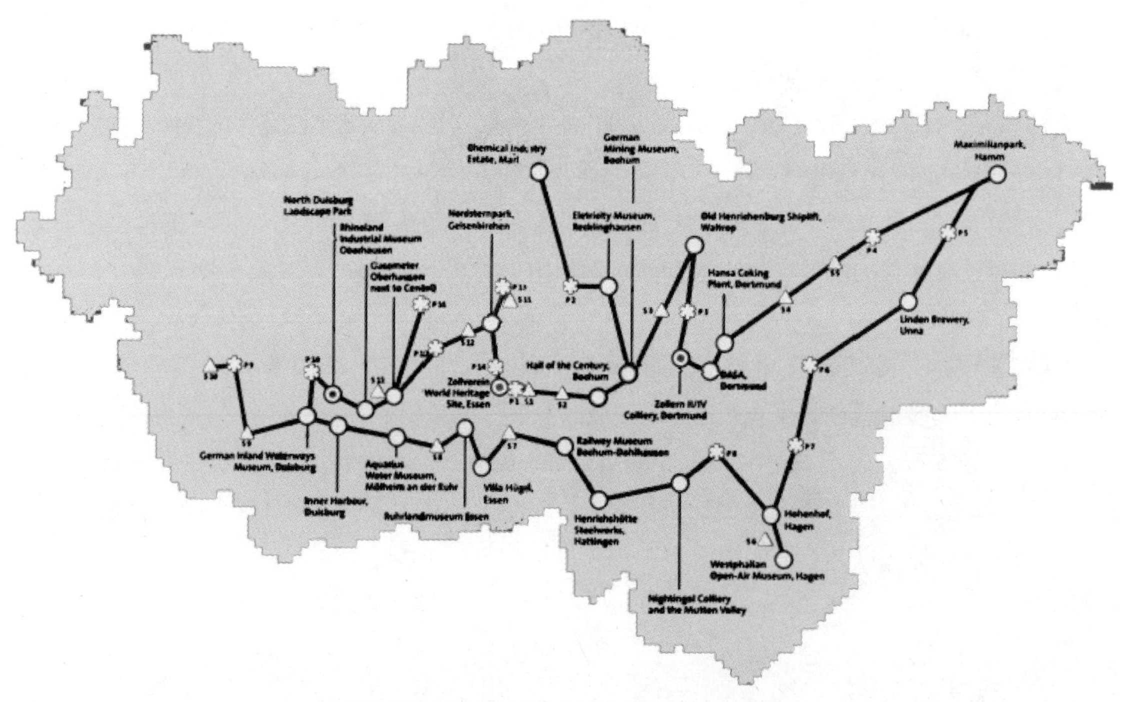

图2-21 德国鲁尔区工业遗产之路（RI）示意图

① Route of industrial heritage，http://www.route-industriekultur.de.

图 2-22 工业遗产之路的自行车路网结构图

图 2-23 北杜伊斯堡景观公园的自行车路

业遗产之路的主要景点都设有停车场，有的景点内还提供自行车租赁服务。大型景点，例如，在北杜伊斯堡景观公园、波鸿城西景观公园，在景区内都建设了步行系统和自行车专用道路系统（图 2-23- 图 2-24）。

3）导引服务设施

信息咨询中心——在整个工业遗产之路上，分别在埃森市“关税同盟”煤矿Ⅻ号矿井、北杜伊斯堡景观公园和多特蒙德市“卓伦”Ⅱ号 / Ⅳ号煤矿设置了信息中心，在这里可以获得有关游览路线及各景点的全面信息。

标志物——在鲁尔区工业遗产之路各景点的场地入口处，游客都会看到斜插在地面上的细长黄色锥形标志棒，上面印有“Route Industriekultur”的文字，作为工业遗产之路的景点标志（图 2-25）。

图 2-24 波鸿城西景观公园的道路系统

图 2-25 工业遗产之路上的景点标志

指示牌——在连接各景点的公路沿途都设置了大量标示出景点区位图、总平面图和简要文字说明等各种有价值信息的褐色指示牌。

3. 欧洲工业遗产之路（ERIH）

“欧洲工业遗产之路”（European Route of Industrial Heritage, ERIH）是贯穿全欧洲的最重要的工业遗产网络，其基本结构框架包括英国、法国、德国、比利时、卢森堡、

表 2-2 德国鲁尔区工业遗产之路（RI）上的工业城市、工业景点

工业城市名称	工业景点名称	备注
埃森（Essen）	关税同盟煤矿Ⅻ号矿井（the Zollverein Pit Ⅻ）及关税同盟炼焦厂（the Zollverein Coking Plant）	2001 年入选联合国教科文组织的世界遗产名录
	胡戈尔庄园（Villa Hügel）	
	鲁尔博物馆（Ruhrland Museum）	国家级博物馆
波鸿（Bochum）	世纪大厅（Hall of Century）	
	德国矿业博物馆（German Mining Museum）	国家级博物馆
	波鸿——达赫豪森铁路博物馆（Railway Museum Bochum- Dahlhausen）	国家级博物馆
多特蒙德（Dortmund）	卓伦Ⅱ号、Ⅳ号煤矿（Zollern Ⅱ/Ⅳ Colliery）	威斯特法仑工业博物馆（WIM）总部
	汉莎炼焦厂（Hansa Coking Plant）	
	德国职业安全与健康展览馆（DASA, German Occupational Safety and Hcalth Exhibition）	国家级博物馆
杜伊斯堡（Duisburg）	杜伊斯堡内港（Duisburg Inner Harbour）	
	德国内陆水运博物馆（German Inland Waterways Museum）	
	国家级博物馆	
	北杜伊斯堡景观公园（North Duisburg Landscape Park）	
哈姆（Hamm）	马克西米连公园（Maximilian Park）	1984 年国家园林展公园
乌纳（Unna）	林德恩啤酒厂（Linden Brewery）	
哈根（Hagen）	Hohenhof 庄园	欧洲最重要的庄园建筑之一，现为现代建筑学博物馆
	威斯特法仑露天博物馆（Westphalian Open-air Museum）	国家级博物馆
维滕（Witten）	内廷格尔煤矿和穆特恩山谷（Nightingale Colliery and Mutten Valley）	
哈廷根（Hattingen）	赫恩雷兹斯乌特钢铁厂（Henrichshütte Steelworks）	有鲁尔区历史最悠久的高炉
米尔海姆（Mulheim an der Ruhr）	“宝瓶”水博物馆（Aquarius Water Museum）	
雷克林豪森（Recklinhausen）	电力博物馆（Electricity Museum）	
奥伯豪森（Oberhausen）	莱茵兰工业博物馆（Rhineland Industrial Museum）	
	煤气储气罐（Gasometer）	欧洲最大的展览空间
玛尔（Marl）	化工工业园区（Chemical Industry Estate）	
瓦尔特罗普（Waltrop）	老赫恩雷兴堡升船闸（Old Henrichenburg Shiplift）	
盖尔森基兴（Gelsenkirchen）	诺德斯特恩公园（Nordstern Park）	1997 年国家园林展公园

注 The Ruhrgebiet' s industrial Giant, http://www.ruhrtriennale.de.

荷兰等欧洲国家在工业革命进程中形成的具有突出价值的工业纪念物，以及由此向外拓展延伸直至欧洲边界的绝大部分工业遗迹。

欧洲工业遗产之路涵盖了欧洲32个国家的891个工业场所、76个具有较高价值的重要的工业遗产景观“锚点”、14个区域性工业遗产线路和10类欧洲工业遗产主题线路，展示了欧洲工业历史、共同的渊源、类型的多样性以及工业景观的细节。

欧洲工业遗产系统由重要“锚点”、区域线路和欧洲主题线路构成。

1）欧洲工业遗产之路的重要“锚点”（Anchor Point）

在欧洲工业遗产之路中的76个工业遗产“锚点”构成了工业遗产之路的主要节点，串起了欧洲工业发展历史的整个脉络及其在不同地区的演化特质和主要事件。这些“锚点”都可以作为区域工业遗产之路的起点，并将周边小型的工业遗产场所连接起来，是欧洲工业遗产的重要里程碑。除了具有文化传承和遗产旅游载体的职能外，“锚点”为游客提供有关工业遗产之路的全面的信息和数据。在空间分布上，重要工业“锚点”主要涉及了12个国家，见表2.3和图2-26。部分重要工业锚点见图2-27-图2-35。

表2-3 欧洲工业遗产之路的重要工业锚点分布

国家	比利时	捷克	丹麦	法国	德国	英国	卢森堡	荷兰	挪威	波兰	西班牙	瑞典
数量	5	2	1	3	26	17	1	9	5	3	2	2

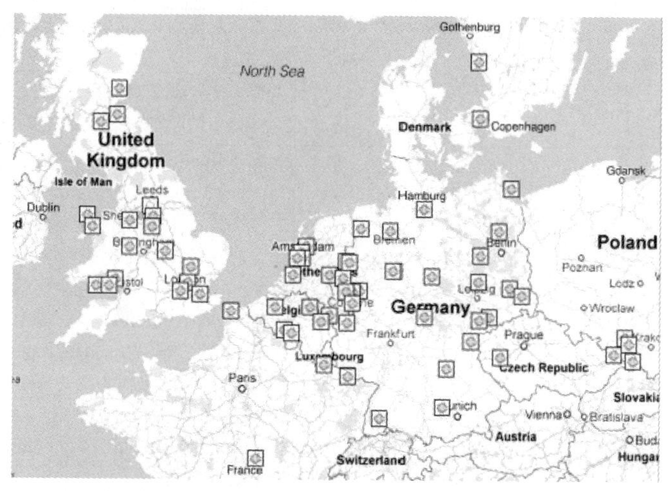

图2-26 欧洲工业遗产之路的重要工业锚点分布图

图2-27 多特蒙德卓伦2/4号煤矿

图 2-28 德国 Lichterfeld, Besucherbergwerk F60 矿场

图 2-29 德国沃尔克林根钢铁厂

图 2-30 比利时 La Louvière 采矿遗址

图 2-31　英国铁桥博物馆

图 2-32　英国布莱纳文工业镇

图 2-33　法国 Petite-Rosselle 矿业博物馆

图 2-34　荷兰 Kerkrade 工业博物馆

2）欧洲工业遗产之路的区域线路

在欧洲，不同区域有其独特的工业发展特征。如德国鲁尔区、英国南威尔士地区等都保存了很多表征区域工业发展重要历史价值的工业纪念物。欧洲工业遗产之路的 14 条区域性工业遗产线路包括：分布在德国的 6 条线路；分布在英国的 4 条线路；分布在荷兰和波兰的线路各 1 条；1 条跨越法国、德国、卢森堡 3 个国家的工业遗产线路；1 条跨越比利时、德国、荷兰 3 个国家的工业遗产线路。其中，涉及德国的区域工业遗产线路有 8 条。

图 2-35　卢森堡 Fond-de-Gras 工业铁路博物馆

3）欧洲工业遗产之路的欧洲主题线路

欧洲工业遗产主题线路主要有纺织工业、采矿业、钢铁工业、加工制造业、能源动力工业、交通与通讯业、水利工程、住房与建筑、服务与休闲和工业景观等 10 类。

在 ERIH 欧洲主题线路的宣传单册和网站上采用徽标作为主题线路标识，见图 2-36。主题线路的设定既便于一般游客的旅游体验，也能为专业学者的调查研究提供生动活化的对象载体。各主题线路在内容范畴上存在一定的交叉，例如加工制造业主题线路也包含纺织工业、钢铁工业等其他主题线路的部分工业景点和场所，水利工程和交通与通讯业主题线路也存在一些共享的工业场所，等等。

4）欧洲工业遗产之路运行机制

在欧盟相关部门的支持下，“欧洲工业遗产之路”合作网络经过 2003-2008 年的最初发展阶段后，于 2008 年 2 月依据德国法律注册成立了正式的协会组织。协会主要由地方博物馆、艺术画廊、厂矿企业、遗产保护机构等组成。通过不断拓展延伸，目前，该协会从成立初期的 17 个成员已扩大为包括来自 17 个欧洲国家的 150 多个成员。

该协会组织跨越整个欧洲，协会成员作为整体网络系统的节点，共享欧洲旅游市场相关信息。协会采用印制宣传单、举办展会、召开学术交流

图 2-36　欧洲工业遗产之路的主题线路标识

图 2-37　欧洲工业遗产之路（ERIH）徽标

研讨会、邀请国际专家学者演讲、建设定期更新的网站等措施，实施系统化管理和交叉营销。协会组织活动的资金一方面来自于成员缴纳的会费；另一方面，协会及其成员也寻求吸引欧盟、相关国家、区域和地方的基金支持。

为营造欧洲工业遗产品牌，协会设计并发布了欧洲工业遗产之路的徽标（图2-37），并出版印刷宣传品（图2-38、图2-39）。

2.3 后工业景观设计原则

后工业景观设计原则可以概括为——

1. 从文化学、技术美学和社会学等多角度审视和保护工业遗产(遗存)的价值

（1）工业遗产（遗存）是人类工业文明的历史见证和重要标志，具有特殊的文化内涵。

（2）工业遗产（遗存）表征了人类开发自然、获取资源的所进行生产活动的现代技术背景，体现了技术美学价值。

（3）工业遗产（遗存）可以起到警示人类避免过度开发造成生态环境破坏的作用。

2. 引纳现代艺术创作倾向和方法

“波普艺术”（Pop Art）追求市俗化的、新奇特的艺术形式和创作手段，“极简主义”强调单纯简练的形式语言，大地艺术以基本几何形体表达对自然要素和过程的关注，这些现代艺术的创作倾向和方法都成为“后工业景观”设计的营养源泉。

3. 尊重和借鉴生态学理念和技术

后工业景观设计借鉴生态学的理论和技术方法，重视对自然生态系统的保护和退化生态系统的恢复，关注资源和能源的再利用和循环使用，注重在景观设计中对节能、环保的理念、技术措施、材料、设备及实施过程的体现。

图 2-38 欧洲工业遗产之路（ERIH）宣传单 1

图 2-39 欧洲工业遗产之路（ERIH）宣传单 2

3 后工业景观设计方法

后工业景观借鉴了生态学、现代艺术、技术美学、工业文化遗产保护等专业的理论和实践成果，形成了独特的设计方法。

3.1 保护与延续工业文化

3.1.1 结构与关键节点保护与再生

3.1.1.1. 整体结构保护

整体结构保护是指在景观设计中，对工业厂区的整体布局结构（反映工业生产加工、储存、运输整体工艺，从原料输入到产品输出的全过程的布局结构，包括功能分区结构、空间结构、交通运输结构等）、具有代表性的空间节点和构成要素以及场地环境等进行全面保护，仅采用有限的新景观元素穿插、叠加、镶嵌在旧的景观体系框架中的后工业景观设计模式。采用该模式对原工业景观的改造是轻微的、有机的、小范围的，可以更完整、更全面、更系统地保护工业遗址中遗留的有价值的信息。

1. 功能分区结构

功能分区结构指的是体现工业生产工艺流程和场地环境特征的工业生产系统分区的结构。工厂厂区具有共性的功能分区，包括主要生产区、辅助生产区、仓储库房区、动力与市政设施区、管理与生活区等。而不同的工业类型由于生产流程、设备、产品特征等方面的差异，其具体的功能内容和分区结构具有较大差异。例如，炼钢厂主体功能区包括电炉区、精炼区、连铸区、除尘区、水处理区等功能区；采油厂包括井场装置、计量站、集输管线、转油泵站、油库、注水站、配水间、供水工程设施、输配电设施、供热设施、管理办公等功能区；造船厂主要包括库房和堆场区、切割加工区、船体加工区、分段装配区、分段总组区、船建造坞区等功能区。

2. 空间结构

空间结构主要是指工业厂区实体与空间的组织结构，与功能分区结构和交通运输结构密切关联。例如，厂区内的厂前区广场、堆场、室外装配场地、物流集散场地等构成厂区的面状开放空间；道路交通、铁路交通、自然河流、人工水渠等形成厂区的线性空间。

3. 交通运输结构

交通运输结构主要由厂区物流、

车流、人流组成。

4. 代表性空间节点和构成要素

典型建筑物、构筑物、工业设备、开放空间等组成厂区具有标志性意义的空间节点和构成要素。

一些具有重要价值的工业遗产采用了整体结构保护的后工业景观设计模式。例如，德国多特蒙德市的“卓伦”Ⅱ号/Ⅳ号煤矿、德国北杜伊斯堡景观公园、德国埃森市“关税同盟”煤矿Ⅻ号矿井及炼焦厂、德国弗尔克林根钢铁厂、北京798艺术区等都属于厂区整体结构及环境得到全面保护的后工业景观。见图3-1、图3-2。其中，最具代表意义的是由著名后工业景观设计大师彼得·拉茨设计的北杜伊斯堡景观公园。

采取整体结构保护模式可以使旧厂区的空间尺度和景观特征在新的景观公园构成框架中得以保留和延续。而布局结构和各节点要素得到全面保护的整体厂区可以向公众全面展示有关工业生产的组织、流程、技术特征、相关设施、景观尺度和综合形象，也映射了工厂的发展历史进程，可以作为有关工业技术与文化的具有科普教育意义的群体博物馆。

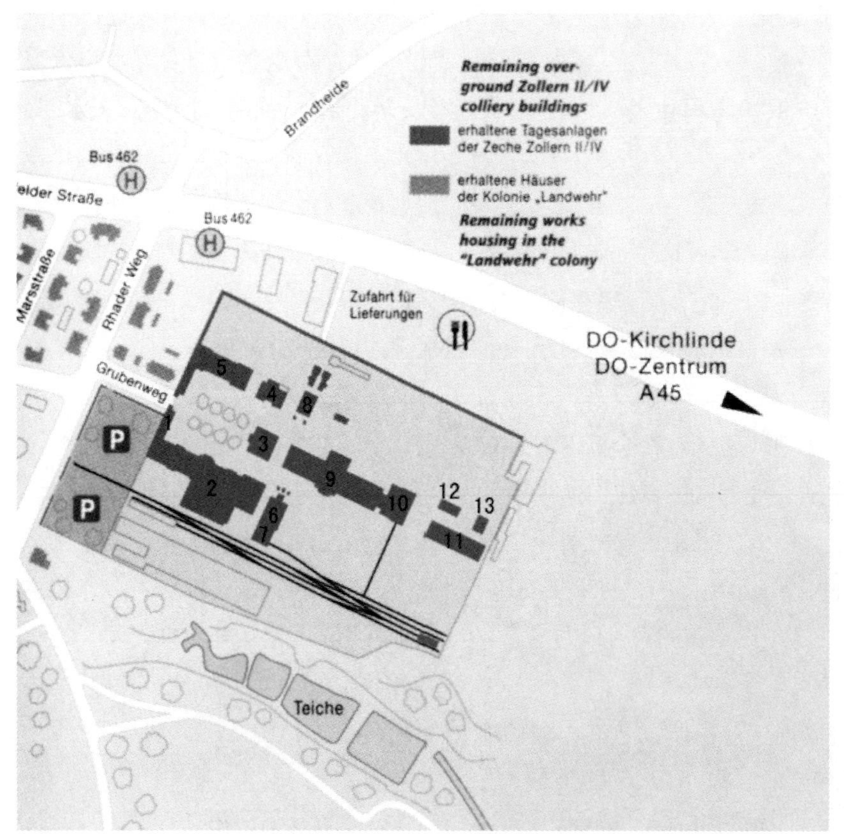

1. 标签检验员办公室
2. 工资大厅、库房、盥洗室、灯房
3. 管理办公
4. 马厩及教练房
5. 车间
6. Ⅱ号矿井(提升井)
7. 分拣车间
8. Ⅳ号矿井(通风井)
9. 发动机房
10. Ⅰ号锅炉房
11. 氨水工厂
12. 炼焦车间
13. 泵房

图3-1 多特蒙德“卓伦”Ⅱ/Ⅳ号煤矿总图

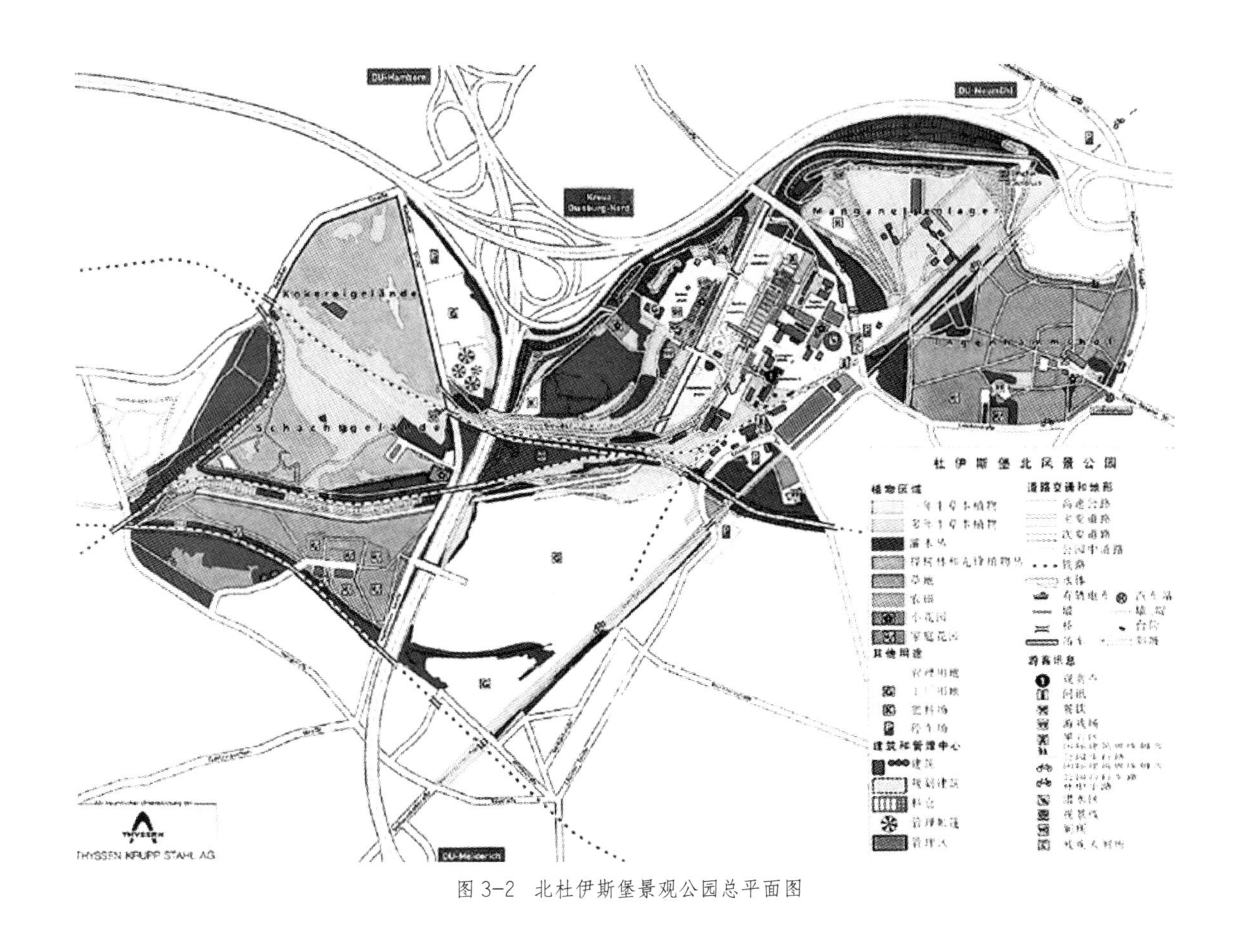

图 3-2 北杜伊斯堡景观公园总平面图

3.1.1.2 局部区块保护

局部区块保护是指对工业厂区中有特色、有价值、整体性强的局部区块进行保护和再生的后工业景观设计模式。在景观设计中，对于拟保护区块的结构以及具有代表性的空间节点和构成要素等都应力求加以保护。而对于保护区块以外其他功能区的设施和环境，可以选择有价值的部分保留，并采用新的景观元素进行改造更新；也可以整体开发建设成其他类型的功能区。例如，在宁波太丰面粉厂文化创意园区的设计中，设计者对原厂区西部区块和北部区块进行了保留，仅对建筑功能进行了更新，形成了沿甬江的连续的工业景观界面，见图 3-3。在保护局部区块结构的基础上，穿插了休闲区、露天剧场和后工业景观雕塑。而对东南部功能区块则采取了完全更新的策略，新建了宁波书城和商务办公写字楼。

3.1.1.3 关键节点保护

关键节点保护是指选取厂区中具有代表性和遗产价值的工业建筑物、

图 3-3　宁波太丰面粉厂保护区块形体轮廓图

工业构筑物、工业设备等关键节点，采取“古迹陈列式的保留”[18]方式，作为控制景观整体系统的标志性主导元素，其他设施可以更新改造或拆除。关键节点保护模式的景观体系中，可以进行大规模的新景观营造，在污染治理、生态保护、生态恢复与重建的基础上，加入新的景观元素，塑造新旧对比、融合共生的整体景观。

采用“关键节点保护”模式的典型案例是由理查德·哈格设计的美国西雅图煤气厂公园。哈格选择了在形式上具有视觉冲击力的精炼炉等工业设备作为后工业雕塑保留下来，为市民提供体验工业文化的载体（图 3-4）；厂区中保护完好的压缩车间厂房及其工业设备则更新利用为儿童娱乐设施；而厂区的场地环境经过土壤污染治理后，营造成以自然景观为主的开放空间，作为市民和游客休闲、游憩的场所。

图 3-4　西雅图煤气厂公园关键节点保护——精炼炉保留作为后工业雕塑

3.1.1.4 结构内涵活化与再生

结构内涵活化与再生是指在景观设计中，对工业废弃地中遗留的工业设施全部迁移或拆除，对场地环境进行重新整理和塑造，采用新景观元素设计和营构全新的景观环境。但在景观设计中，需对原厂区的结构内涵进行充分研究，提炼出诸如道路交通体系、群体组构形态、空间尺度、设施高度、建筑风格、材料质感与色彩等与原工业景观相关联的形式要素，作为景观设计的借鉴和参照，以隐化的方式表达对工业文化的尊重、传承和延续。

采用结构内涵活化与再生模式的后工业景观主要有法国巴黎雪铁龙公园、法国巴黎拉维莱特公园、英国伦敦泰晤士河岸公园等。其中，最具典型意义的案例是法国巴黎雪铁龙公园。该公园将原雪铁龙汽车厂的工业设施全部拆除，进行了全新的景观建构。在设计中通过采用平直的交通结构体系、大面积的开放空间、与原工业建筑接近的建筑尺度、高架金属桥、玻璃和钢材料等，来营造具有现代工业特质的环境氛围，适用于工业遗产资源价值较低的后工业景观设计（图 3-5）。

图 3-5 法国巴黎雪铁龙公园营造具有现代工业特质的环境氛围

3.1.2 单体工业设施保护与再生

3.1.2.1 单体工业设施保护与适应性再利用模式

后工业景观思想认为，废弃工业场地上遗留的各种设施及其环境具有特殊的工业历史文化内涵和技术美学特征，映射了人类开发自然、获取资源所进行生产活动的现代技术背景，是人类工业文明发展进程的见证，应对有价值的工业文化信息加以保留并作为后工业景观设计中的主要元素。

对单体工业设施的保护在对其价值进行评价的基础上，可以采用多样化的保护手段。多数情况下，不仅仅是单纯的静态保护，而应基于对原工业设施的特征、价值、内涵、逻辑的充分尊重，进行适应性再利用，以使其获得新的使用价值，并通过定期检测、维护和修缮延长其寿命。单体工业设施保护与适应性再利用的模式可以概括为以下几种模式。

1. 博物馆模式

将单体工业设施更新为博物馆主要有三种形式：

（1）利用建筑及设施的内部空间作为博物馆展厅。例如，多特蒙德市的“卓伦”Ⅱ号、Ⅳ号煤矿旧的标签检验办公室、盥洗室、灯房、工资发放大厅等更新为以鲁尔区采矿工业社会和文化历史为展示主题的博物馆（图 3-6）。

图 3-6 “卓伦”Ⅱ号、Ⅳ号煤矿博物馆展厅

（2）建筑（包括内部结构、设备）或设施自身作为向游人展示并传递工业技术文化信息的展品。例如多特蒙德市“卓伦”Ⅱ号、Ⅳ号煤矿中的分拣车间也基本保持以前生产时的布置方式作为博物馆的展厅（图 3-7）。

图 3-7 “卓伦”Ⅱ号、Ⅳ号煤矿分拣车间作为博物馆展厅

（3）为参观者提供过程体验的动态博物馆。例如在“波鸿—达赫豪森铁路博物馆”，游客可以乘坐老式的蒸汽机车做真实的旅行体验。

2. 展览馆模式

工业建筑或大型工业设备的内部空间、支撑结构、设备设施等可用于陈列展品，构建成展览馆、艺术中心、室外展场等。例如，奥伯豪森市的“煤气储罐”（Gasometer）利用气罐内部可升降的空气压缩盘分隔空间，可以变换不同的空间尺度和形态，再生为欧洲最壮观的室内展场（图 3-8、图 3-9）；德国埃森“关税同盟”炼焦厂（图 3-10）在完整保护厂区工业设施的基础上将其转变为欧洲的设计展示中心；北京 798 的旧工业厂房更新利用为美术作品陈列展示空间（图 3-11）；上海红坊创意产业园将旧厂房再生为“伊莱克斯”产品展示馆，并利用高大车间厂房空间分隔后形成的走廊空间陈列雕塑等艺术品（图 3-12、图 3-13）。

图 3-8 奥伯豪森“煤气储罐”

图 3-9 奥伯豪森“煤气储罐”室内空间更新利用为室内展场

图 3-10 埃森“关税同盟”炼焦厂利用工业设施作为设计展示中心

图 3-11 北京 798 工业厂房更新为艺术展览空间

3. 体育与休闲活动模式

利用保留下来的旧工业建筑物、构筑物、设备可以营造用于市民和游客开展体育、健身、休闲娱乐活动的场所和设施。例如，在北杜伊斯堡景观公园中，原钢铁厂的煤气储罐改造成潜水俱乐部专用的潜水中心（图 3-14、图 3-15）；“矿石料仓”的混凝土墙壁被改造利用为攀岩俱乐部开展攀岩运动的载体（图 3-16）；上海红坊创意产业园将部分厂房建筑改造为搏击俱乐部和训练场（图 3-17）。

4. 多功能厅模式

工业建筑中的高大空间经更新利用后可以用作多功能大厅，用于召开音乐会、开办舞会、表演戏剧、开办演唱会、召开重要事件发布会、放映电影等。例如，波鸿“世纪大厅”曾作为煤气鼓风机房、发电站以及压缩空气站，经过重新整修后作为国际音乐厅和鲁尔表演艺术节总

图 3-12 上海红坊创意产业园更新为产品展示空间

图 3-13 上海红坊创意产业园利用厂房走廊展示艺术品

图 3-14 北杜伊斯堡景观公园“煤气储罐”

图 3-15 北杜伊斯堡景观公园“煤气储罐”再生为潜水中心

图 3-16 北杜伊斯堡景观公园“矿石料仓”墙壁作为攀岩载体

图 3-17 上海红坊创意产业园将部分厂房建筑改造为搏击俱乐部

图 3-18　波鸿“世纪大厅”

图 3-19　北京 798 多功能展示和活动大厅

图 3-20　上海“八号桥”的文化创意办公空间内景

图 3-21　杭州丝联 166 的文化创意办公空间

部（图 3-18）；北京 798 工业厂房建筑改造利用为多功能展示和活动大厅（图 3-19）。

5. 办公模式

目前，将旧工业建筑改造为文化创意产业办公空间（或艺术家工作室）是国内普遍应用的模式。例如，上海“八号桥”改造利用旧工业建筑，形成包括建筑设计、室内装修设计、服装设计、商务策划咨询、时尚策划咨询、工业设计等国内外知名文化创意公司汇聚的创意产业园区（图 3-20）；杭州丝联 166 文化创意园区也以办公模式为主，入驻的文化创意公司主要有：建筑设计、工业设计、艺术品设计、摄影艺术、广告设计、平面设计、家具设计、室内装饰设计、服装设计、文化艺术策划、房地产营销策划等（图 3-21）。

6. 商业服务模式

在绝大部分工业遗产中，都利用原有工业建筑设置了商业服务空间，诸如零售店、书店、艺术品销售点、餐饮店、咖啡厅、酒吧等配套服务设施。见图 3-22- 图 3-27。其中，一些

图 3-22　北京 798 艺术品销售店

图 3-23 北京 798 内的书店

图 3-24　上海“八号桥”西餐厅

图 3-25 杭州丝联 166“银色时代”咖啡厅

图 3-26　北京 798 内的咖啡厅

图 3-27　上海 M50 室外休闲咖啡厅

富有特色的咖啡厅、酒吧等成为艺术家、设计师聚会、交流、商务会谈、头脑风暴的著名场所。

7. 综合体模式

超大型工业建筑综合体空间组构关系复杂，针对其中不同的空间形态可以利用为复合功能的综合体模式。典型案例是意大利都灵的菲亚特林格图汽车厂改造项目。这个建筑面积约 23 万 m^2 的厂房包含了汽车生产的整个工艺流程，1982 年，结构性危机使该工厂被废弃。1987 年，伦佐·皮阿诺在设计竞赛中获胜，将该建筑改造成包括会议中心、办公、展览、商业、酒店等功能的综合体。

3.1.2.2 单体工业设施保护与再生方法

1. 原真性保护

对于具有重要历史价值、技术价值、社会价值、建筑学或科学价值的工业文化遗存，在景观设计中应充分尊重与保护附有这些信息的设施载体，依照《威尼斯宪章》、《内罗毕建议》等国际上有关文化建筑遗产保护的纲领性文件的规定，遵照“全真性”保护的原则，基于充分研究，审慎地采取保护、维护、修复、加固等措施，并对所采取措施的各种相关记录加以保存。

附有遗产价值信息的设施载体包括：

（1）工业设施（建筑物、构筑物、设备）的形体；

（2）建筑风格与室内外装饰信息；

（3）建筑室内外空间形态；

（4）工业设施（建筑物、构筑物、设备）的建构方式；

（5）工业设施（建筑物、构筑物、设备）的结构形式与构件；

（6）工业设施（建筑物、构筑物、设备）的围护结构或其构件、片断；

（7）工业设施（建筑物、构筑物、设备）的材料；

（8）工业设施（建筑物、构筑物、设备）的色彩；

（9）工业设施（建筑物、构筑物、设备）的室内外表皮痕迹；

（10）历经的维护、加固等技术信息；

（11）重大历史事件的表征物或痕迹；

（12）一定范围的周边环境。

2. 工业设施原真性保护的方法

工业设施原真性保护的方法主要有：

1）静态雕塑性保护

这种保护方式维持拟保护工业遗产（遗存）的原状，基本不采取更新利用措施，强调提供视觉意义上的感受和体验，多用于后工业景观中对工业设备、工业构筑物的保护。例如，西雅图煤气厂公园中的精炼炉（图 3-28）、北杜伊斯堡景观公园中的工业设备和管道（图 3-29）、弗尔克林根钢铁厂的工业构筑物和工业设备（图 3-30）等都采用了静态雕塑性保护的方法。

图 3-28　西雅图煤气厂公园中的精炼炉

图 3-29　北杜伊斯堡景观公园中的工业设备和管道

图 3-30 弗尔克林根钢铁厂的工业构筑物和工业设备

2）再生性保护

这种保护方式在保护工业遗产（遗存）有价值信息的基础上，可以进行适应性再利用，赋予其新的价值。多用于工业建筑及其内部机器设备。例如，前文介绍的单体工业设施保护与适应性再利用的“博物馆模式”和不改变设施原貌的部分“展览馆模式”等都采用了再生性保护的方法。

3. 空间与形式更新（改建或扩建）

对于大多数遗产价值不高的旧工业建筑而言，可以在保护部分有价值信息的前提下，经部分改建或扩建后，赋予其符合原设施系统逻辑的新功能，包括空间更新和外部形式更新。

1）空间更新[19]

旧工业建筑的空间更新主要有四种模式：刚性模式、内部重构模式、外向拓展模式和组合模式。

（1）刚性模式是指当建筑空间受结构形式等因素制约不具备进行重构的条件时，只能在维持原空间形态不变的前提下进行空间利用。单层或多层砖混结构工业建筑的改造利用就属于该种模式。刚性空间模式只适合于改造为与自身空间形态相符合的功能内容。

（2）内部重构模式指的是保持建筑外部体量不变，对其内部空间进行重构，使之成为与新的功能需求相匹配的空间利用模式，适用于单层大跨度工业建筑、单层或多层框架工业建筑等。

单层大跨度工业建筑一般用于煤炭、冶金、电力、化工、石油、建材、机械等重工业厂矿的生产建筑、仓储建筑、能源供应建筑、交通运输建筑等，其空间跨度大、无柱、层高较高，结构形式多采用排架、拱、网架等大跨度平面结构或空间结构，在功能转化方面具有较大弹性。

单层或多层框架工业建筑多用于纺织、食品、造纸、服装、文化用品、电子等轻工业厂房、仓库类工业建筑，结构形式为钢筋混凝土框架或钢框架结构，便于在改造利用中对内部空间进行灵活分隔。

内部空间重构模式又可分为以下几种类型。

① 保持空间原构。当原空间形式与新功能空间要求相匹配时，可以基本维持原空间形态不变，对建筑内部进行加固处理、装修改造和设备更新。

当单层大跨度建筑更新为剧场、影院、会议、体育等大空间建筑或有大空间要求的展览馆、博物馆、商场，单层或多层框架建筑改造成办公、居住、旅馆、商业、教学、图书馆、餐饮娱乐活动用房时，都可以保持空间原构。例如，位于意大利米兰的阿克拉广场中的一座旧铸造厂被改造成了设计事务所的办公空间，基本维持了原来的空间形态（图 3-31）。保持空间原构与“刚性模式”的区别在于，前者具备空间形态变化的弹性。

② 局部空间重构。部分维持原室内空间形态不变，局部采用“加法”或“减法”对空间加以更新改造。

利用工业建筑空间开敞、高度大、便于灵活分隔的特点，采用加法，在局部加设夹层空间，可以提高空间利用效率、丰富空间向度。20 世纪 90 年代发端于纽约 SOHO 区，利用废旧厂房、仓库改造成在大空间中设置夹层的 LOFT 空间模式及其所承载的生活和工作方式，在欧美演变成一种代表着前卫、个性、先锋的时尚潮流，深受艺术家、设计师等从事文化创意工作者的青睐。受其影响，我国一些废弃工业车间厂房、仓库的改造项目设计也采用了 LOFT 空间（图 3-32- 图 3-33）。

运用减法将多层框架建筑的部分楼板拆除，可以形成中庭空间。例如美国阿波里斯市斯莱舍广场（Thresher Square）是将原仓库更新为办公建筑，拆除了建筑中央的

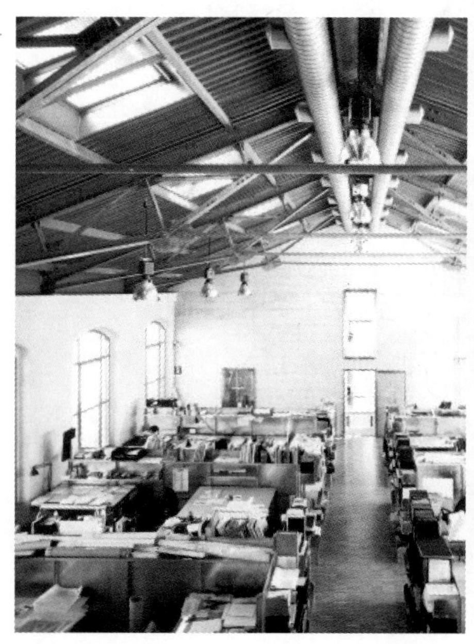

图 3-31　旧铸造厂改造为办公空间 [20]

图 3-32　杭州“LOFT49”利用旧仓库改造的办公空间 [21]

图 3-33　上海“八号桥”利用旧仓库改造的 LOFT 办公及展示空间 [21]

图 3-34 上海“八号桥”利用旧仓库改造的 LOFT 办公及展示空间[22]

图 3-35 泰特现代艺术馆外观[23]

部分楼板，在顶部设置采光天窗，营构成中庭空间。

③ 空间整体重构。包括水平分隔、垂直划分和异构植入三种方式。

水平分隔：利用墙体、轻质隔断、交通空间等将建筑平面在水平方向上进行自由灵活分隔，根据新功能进行重新布局。

垂直划分：在垂直方向上将原来的单一整体空间分隔为多层空间，适用于单层大跨度工业建筑。这种改造方法对旧建筑承重结构的承载力和稳定性要求较高，一般需要对原建筑进行加固处理。在埃森“关税同盟”Ⅻ号煤矿原锅炉房改造成设计中心项目中，设计者对原来的单一空间进行了部分垂直划分。

异构植入：是指在原建筑空间内部加进富有个性的特异的体量或空间元素，塑造具有视觉震撼力的室内空间效果或实现特殊的功能要求。由伦佐·皮阿诺设计的“波洛美提欧音乐空间”（Prometeo Musical Space）是在米兰一座废弃的厂房核心运用木结构搭建了一个能容纳 400 个观众席的音乐厅（图 3-34）。观众席布置在建筑的中心位置，而音乐家们在围绕观众席不同高度的平台上演奏音乐，形成空间与音乐的互动关系。

（3）外向拓展模式。

① 原建筑顶部或周边加建新体量。

由赫尔佐格和德梅隆设计的位于伦敦泰晤士河畔、利用旧发电厂改造成的泰特现代艺术馆（Tate Gallery of Modern Art），在建筑屋顶上加建了 152m 长、2 层高的长方体的玻璃盒子，作为顶层展厅的自然采光光源，并安排了餐饮、会议等功能。夜晚，玻璃体在灯光映照下晶莹剔透，形成了一条水平向的光带（图 3-35）。由蓝天组（Coop Himmelblau）设计的奥地利维也纳的 4 座煤气储罐的更新改造中，在储气罐 B 座外部扩建了一幢 13 层的公寓楼（图 3-36）。

② 内庭院加顶。将建筑围合的内庭院加上顶棚，改造为中庭空间或大空间功能用房。例如位于法国诺伊斯尔的“雀巢公司总部”是由一家巧克力工厂改建而成，其中的旅行社部分在旧的中心庭院顶部加建了用于自

图 3-36　维也纳煤气储罐 B 座外观

图 3-37　雀巢公司总部旅行社改扩建中庭空间

然采光的天窗，并设有天桥将建筑体量连接起来形成中庭空间（图 3-37）。

③ 建筑形体外部“包覆”新元素。由伯纳德·屈米设计的位于法国里尔

图 3-38　法国国家现代艺术学院

某工业区内的旧工业建筑改建成的“国家现代艺术学院”中，在旧建筑外部加建了全新的顶棚和外表皮，“包覆”了原建筑的大部分体量（图 3-38）。

（4）组合模式：组合模式是指综合采用内部重构、外部拓展模式的旧工业建筑空间更新方法。

2）外部形式更新

（1）旧元素更新。在改建或扩建中保护原有旧工业设施中有遗产价值的信息，或采用与原设施的形式内涵逻辑同构的造型、风格、高度、体量、尺度、比例、装饰、构件片断、材料、色彩等，力求与整体环境取得协调。在此基础上，对无遗产价值的一般旧元素进行更新。例如，对原工业设施结构加固处理；采用现代技术更新建筑构造；更换或附加建筑外饰面材料；建筑外墙或设备外表面涂料重新粉刷；门窗更换等；使工业设施获得更长久的使用寿命。例如，上海“八号桥”创意产业园在保护工业设施群体格局和形体基础上，采用了旧元素更新的设计对策——外墙表面采用了面砖错落韵律拼贴、木格栅、花玻璃窗、金属网板、金属网与爬蔓植物、金属板拼贴等多种方式（图 3-39- 图 3-43）。

（2）新元素植入。在工业设施改扩建设计中，可以

图 3-39 上海“八号桥”创意产业园外墙面砖错贴

采用全新的造型元素、材料、结构形式、色彩等，形成与原有设施的并置、拼接、穿插、咬合、局部覆盖等，

图 3-40 上海“八号桥”创意产业园木格栅外表皮

图 3-41 上海“八号桥”创意产业园外墙花玻璃窗和金属网板

图 3-42　上海“八号桥”创意产业园外墙金属网与爬蔓植物

达到新旧对比共生，并映射出原设施的形式内涵。例如，上海“八号桥”创意产业园在原建筑体量之外采用了轻钢结构楼梯、平台等构件（图 3-44），在建筑体量之间和建筑山墙面嵌入了钢架玻璃等现代造型元素（图 3-45）；北京 798 利用厂房建筑改造为美术馆，去掉墙体后植入了斜面玻璃幕墙（图 3-46），而在另一座工业建筑改建中，将金属格构架外罩金属网附加在建筑墙体之外，形成了多层次的、丰富的建筑表皮（图 3-47）；图 3-48，建筑入口采用白色金属板构建成门斗，新旧元素对比，强化了视觉效果。

图 3-43　上海“八号桥”创意产业园外墙金属板拼贴

图 3-44 上海“八号桥”创意产业园原建筑体量外轻钢楼梯、平台

3.2 艺术加工与再创造

后工业景观的艺术加工与再创造具体体现在对废弃地上的遗留工业设施和地貌景观进行艺术化处理。

3.2.1 工业设施艺术加工

3.2.1.1 工业设施艺术化设计

分析研究原工业设施中的形式构成要素，按特征分类，从中提取或分解重要元素，借鉴现代艺术创作手法

图 3-45 上海“八号桥”创意产业园嵌入原建筑体量的钢架玻璃

图 3-47 将金属格构架外罩金属网附加在建筑墙体外

图 3-46 北京 798 在旧建筑中植入斜面玻璃幕墙新造型元素

图 3-48 建筑入口采用白色金属板门斗形成对比

图 3-49 诺德斯特恩景观公园保留的废弃工业厂房的钢构架

图 3-50 中山岐江公园“琥珀水塔”

进行艺术化加工处理。由于在设计中不掩盖景观元素自身的工业化特质，经过艺术加工的元素在形态、内涵、逻辑上与原工业厂区的场地环境和工业设施相呼应和匹配，并具有一定的进化和创新意义。例如，在德国盖尔森基兴的诺德斯特恩景观公园中，保留了废弃工业厂房的部分钢结构框架，经艺术加工后既作为公园中的雕塑性景观，又在形式逻辑上暗示和完形了建筑曾经的状态（图 3-49）；广东中山岐江公园在水塔外部罩上了金属框架的玻璃外壳，名为“琥珀水塔”，形成了园区中富有意趣的标志性景观（图 3-50）；上海世博园中原南市发电厂的烟囱经艺术加工作为能解读实时环境气温的巨型温度计（图 3-51）。

3.2.1.2 艺术化装饰

艺术化装饰是采用艺术作品（或利用工业设施创作的艺术品）诸如雕塑、绘画等，作为后工业景观的构成要素，对整体景观环境进行艺术加工。例如，在北京 798 创意产业园区、上海 M50 文化创意产业园区、上海红坊文化创

图 3-51　南市发电厂烟囱改造成巨型温度计

图 3-52　上海红坊文化创意产业园区利用废弃工业材料制成的骆驼雕塑

意产业园区、上海宝山国际节能环保园（上海铁合金厂）中都采用艺术作品作为园区中的艺术化装饰景观元素（图 3-52– 图 3-56）；而利用废弃墙面作为涂鸦墙，与旧工业设施的整体景观氛围相呼应，也是很具感染力的艺术化装饰方法。图 3-57 是上海 M50 文化创意产业园区的涂鸦墙。

3.2.1.3 色彩艺术化加工

采用鲜艳颜色或强烈对比的色彩组合对工业建筑物、构筑物、设备管道等进行艺术化加工，可以丰富景观层次、强化视觉冲击力。例如，广东中山岐江公园西部船坞遗留的钢构架涂上了明快的红、蓝、白色（图 3-58、图 3-59）；西雅图煤气厂公园车间厂房改造的儿童游戏宫，采用红、黄、蓝、紫等颜色涂刷压缩机和蒸汽涡轮机等，塑造了适宜儿童游乐欢快的气氛。

图 3-53　上海 M50 创意产业园的雕塑

图 3-54　北京 798 文化创意园内的雕塑

图 3-55 北京 798 文化创意园内的雕塑

图 3-56 上海铁合金厂后工业雕塑

图 3-57 上海 M50 文化创意产业园涂鸦墙

图 3-58　中山岐江公园西部船坞遗留的钢构架涂红色

图 3-59　中山岐江公园西部船坞遗留的钢构架涂蓝色

3.2.1.4 夜景照明艺术化设计

通过夜景照明艺术化设计创造奇幻、动态、充满魅力的夜景效果。例如，欧洲负有盛名的英国艺术家乔纳森·帕克（Jonathan Park）设计完成的德国弗尔克林根钢铁厂、北杜伊斯堡景观公园、埃森关税同盟煤矿Ⅻ号矿井及炼焦厂等夜景照明艺术设计，使公园夜景与工业文化遗产、休闲活动场所共同构成公园吸引游人的三大亮点。见图 3-60－图 3-63。

图 3-60　埃森关税同盟煤矿Ⅻ号矿井艺术化夜景照明

图 3-61　埃森关税同盟煤矿炼焦厂艺术化夜景照明

图 3-62　弗尔克林根钢铁厂艺术化夜景照明之一

3.2.2　工业地貌艺术处理

后工业景观对工业地貌的艺术处理主要应用“极简主义”与大地艺术的创作方法。

“极简主义”艺术产生于20世纪60年代新的艺术思想观念和创作倾向不断涌现的时期，主张艺术创作回归原始、基本的结构、秩序和形式，采用简洁的或连续、重复的基本几何形体作为主要的艺术表达语言，最初应用于绘画，更多是通过大尺度雕塑艺术作品的创作应用于大地艺术和广场、公园等景观的设计。

较早尝试将“极简主义”雕塑和大地艺术创作与景观

图 3-63　北杜伊斯堡景观公园艺术化夜景照明

图 3-64　垃圾场改造的 Moere 沼公园

设计结合的是日裔美籍艺术家野口勇[24]，在他设计的一系列作品中，以场所地表为对象，采用了切割、隆起、凹陷、层叠、翻卷、扭曲、褶皱等创作手法，将地表塑造成金字塔、圆锥、陡坎、斜坡等各种三维形态，用以限定和创造外部空间（图 3-64、图 3-65）。

美国著名景观设计师彼德·沃克（Peter Walker）受"极简主义"影响较大，在他的景观设计中多以简单的圆形、椭圆形、三角形、方形等几何要素作为母题，通过母题的重复、交叉、重叠等来营构秩序。他将自然材料、自然生态要素与玻璃、钢等工业材料结合，

图 3-65 Moere 沼公园儿童游戏场

并纳入到他严谨的几何秩序之中[1]。见图 3-66、图 3-67。

在本书第 1 章中对大地艺术的概念、发展历史进程、特征及其对工业废弃地的改造实践等进行了论述。实际上，在目前的景观设计中，景观建筑师应用大地艺术营造场地景观已较为普遍，大地艺术所表现出的几何特征、尺度特征、空间特征、随时间演变特征，以及应用大地艺术进行创作的主观性、自由性带来了视觉艺术和精神上的双重冲击，并得到了景观专业领域的广泛接纳和认同。

大地艺术对后工业景观设计最重要的影响是对工业废弃地场地地形的艺术化处理以及多义内涵的提炼。例如德国景观设计大师，彼得·拉茨在其设计的“北杜伊斯堡景观公园”中，将废弃的原厂区铁路作为大

图 3-66 哈佛大学唐纳喷泉

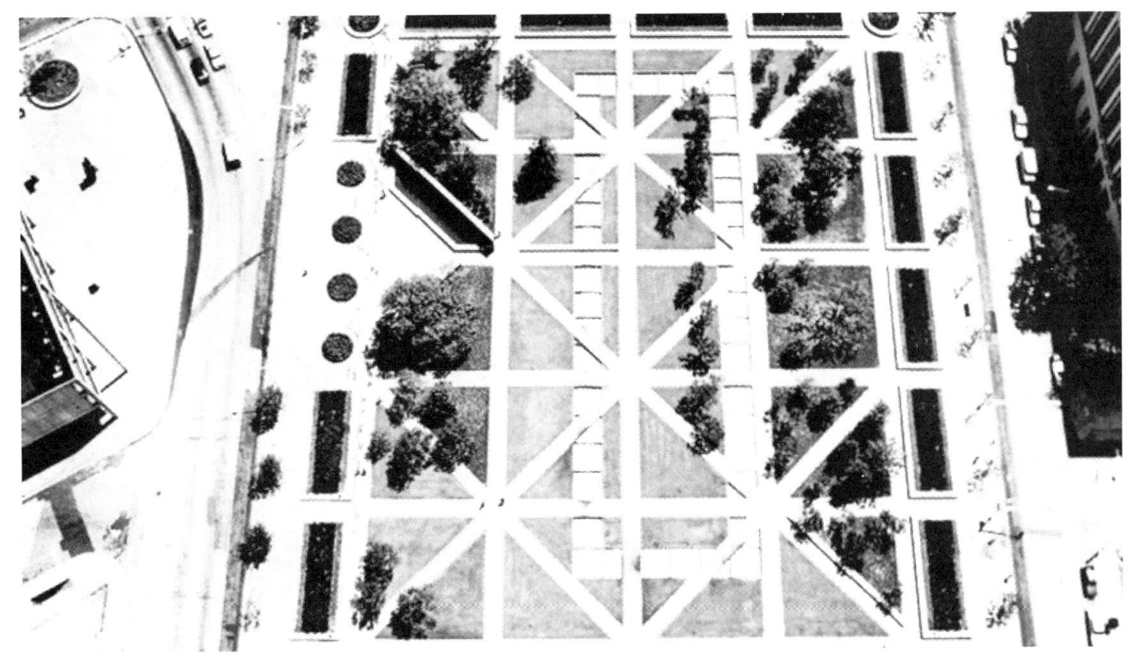
图 3-67　德克萨斯州沃斯堡市伯纳特公园

地艺术的表征，并命名为“铁路竖琴”，赋予其富有意趣的艺术内涵。由普里迪克和弗雷瑟设计的，位于德国盖尔森基兴市的“诺德斯特恩公园”（Nodstern Park）是利用废弃煤矿区更新改造的，设计者在对矸石山进行生态恢复后，采用了植被与裸露的土壤相间的手法映射了人工干预与原始肌理的差异性（图 3-68、图 3-69）；在波鸿“城西公园”的景观设计中，设计师运用大地艺术手法将有高差变化的地形处理成台地、水面、水池、树木、草坪错落有致的景观效果（图 3-70、图 3-71）；哈格里夫斯在“贝克斯比公

图 3-68　诺德斯特恩公园矸石山的大地艺术处理

图 3-69 诺德斯特恩公园矸石山
的大地艺术处理

图 3-70　波鸿城西公园中的大地艺术景观（一）

图 3-71　波鸿城西公园中的大地艺术景观（二）

园”（Byxbee Park）（图 3-72、图 3-73）及“路易斯维尔滨水公园”（Louisville Waterfront Park）等项目的设计中，利用原废弃地地貌景观塑造了自然与人工相融的，生动的环境景观。

3.2.3 自然演化过程艺术化表达

后工业景观的设计和营造包含了历史变迁和生态演进，在设计中应尊重和展现长期的循序渐进的自然演化过程。典型案例是位于北杜伊斯堡景观公园中心的金属广场（Metallic

图 3-72　贝克斯比公园中的大地艺术创作（一）

图 3–73 贝克斯比公园中的大地艺术创作（二）

图 3–74 金属广场

图 3–75 金属广场铸铁板表面不同腐蚀状态

Plaza），作为公园的标志性景观，广场由在地面上整齐排列的 7×7 共 49 块、每块重达 7-8t 的方形铸铁板构成。设计者对这些表面腐蚀状态各异的铸铁板拍照、编号，排列成抽象图案，并通过水在铁板表面的流动来象征钢铁加工制造的熔化和硬化过程。铁板在自然状态下继续被腐蚀，隐喻了对自然演变过程的尊重和回应（图 3-74、图 3-75）。在更广泛的意义上，自然演化进程还包括规划设计工作的不断修正和完善。十几年来，伴随着北杜伊斯堡景观公园的逐步实施，设计者彼得·拉兹先生一直在充满激情地持续优化他的设计。

3.3 生态学理论和技术的借鉴与应用

生态学思想对景观设计理论、方法、范畴等产生了深远影响，在景观设计中自觉遵循生态学原则、发掘生态设计理念、应用生态技术已成为景观设计师们在艺术形式和功能之外更重要的追求目标。在后工业景观设计和实践中，土壤和水体污染的治理、自然生态系统保护与维育、生态恢复与重建、废弃物再利用等设计方法都体现了对生态学理论和技术的借鉴和应用。

3.3.1 污染治理

3.3.1.1 受污染土壤治理

受污染土壤治理技术主要有物理技术、化学技术和生物技术[25]。

1. 物理技术

（1）基本技术——利用基本工程技术对土壤进行前处理，包括粉碎、压实、剥离、覆盖、固定、排除、灌溉等。

（2）客土法（排土法）——采用别地土壤掺入到废弃地土壤中或覆盖在废弃地表面来改善土质。

（3）其他物理修复技术——热修复，电修复。

2. 化学技术

向土壤中加入化学物质。包括施肥，酸化与碱化，重金属离子去除等。

3. 生物技术

（1）植物修复技术——去除、固定重金属，去除污染物，净化水体空气。包括植物吸收、植物降解、植物挥发、植物固定、植物过滤等。种植具有耐受力、积累能力和固定营养物能力的物种。

（2）微生物修复技术——在土壤中接种微生物，去除或减少污染。包括接种抗污染细菌、接种高效生物、接种营养生物。

3.3.1.2 水污染治理

对工业厂区中受污染水资源的净化处理主要有以下几种方式：

（1）在受污染水体中种植具有污染物吸附和消解作用的水生植物。

（2）将收集和经过净化的雨水引入受污染水体中，降低污染物浓度。

（3）采用过滤、沉淀等技术措施，分离水体中的部分污染物。

图 3-76 埃森关税同盟煤矿炼焦厂污染土壤上生长的植被

（4）采用微生物技术降低或消除水体污染。

3.3.2 自然生态系统保护

后工业景观思想认为，在废弃地受污染土壤上顽强地进行生态演替的野生植被体现了自然的力量，应给予充分的尊重并加以维护，降低或避免环境干扰。这些在工业生产过程中或工业活动停止后逐渐形成的生境，已成为多种植物生长和鸟类栖息的场所，其生态系统的功能、特征等是生态学家难得的试验场，这种自组织形成的在极端土壤条件下存活的生态系统具有重要的生态学价值。例如，北杜伊斯堡景观公园、埃森关税同盟煤矿Ⅻ号矿井及其炼焦厂、弗尔克林根钢铁厂等后工业景观中，都对这种绿化植被及其所负载的生态系统采取了有效的保护措施（图 3-76– 图 3-78）。

图 3-77　弗尔克林根钢铁厂污染土壤上生长的植被

图 3-78　北杜伊斯堡景观公园污染土壤上生长的植被

3.3.3 生态恢复与重建

针对工业废弃地生态恢复的一般程序是：对工业废弃地受损的地形地貌进行恢复，使土地表层稳固；采用物理、化学、生物技术添加营养物质，去除土壤中的污染物和有毒物质，对土壤系统进行修复；筛选适宜的植物种类进行栽种并加以养护；逐步恢复和重建整个生态系统。

1. 采矿沉陷区生态恢复

1）措施之一：充填复垦法

当沉陷深度不大且无积水或积水较浅时，可以利用矸石、粉煤灰、其他固体废弃物或客土进行“充填式复垦”，实现生态系统的地表基底稳定性，为生态系统的发育、演替提供载体；其后，恢复植被和土壤，提高土地生产力，增加种群种类和生物多样性，提高生态系统的自我维持能力和景观美学价值。经地质勘探已稳沉的沉陷区充填复垦后也可以作为建设用地。采用充填复垦法的不利之处在于，若以固体工业废弃物作为沉陷坑的充填物，存在着对土壤、地表水、地下水和植被造成长期污染的潜在威胁，需要采取构建刚性或柔性地下防渗构造做法阻断污染途径。

2）措施之二：挖深垫浅法

这是目前国内广泛采用的采矿沉陷区恢复方法，即利用挖掘机械将塌陷较深的区域进一步挖深，形成水体；挖出的土方充填沉陷浅的区域，恢复为植被。该措施操作简单，适用于沉陷较深、存在积水的高、中潜水位地区。淮北矿务局“沈庄煤矿”、皖北矿务局“刘桥一矿”、平顶山矿务局八矿、徐州矿务局“张小楼矿”和“大黄山矿”，均采用“挖深垫浅法”对采煤沉陷区进行生态恢复。

3）措施之三：直接利用法

对于大面积积水或积水很深的沉陷区或处于沉陷过程中地质尚未稳定的区域，常直接利用为水产养殖鱼塘或维育为生态湿地。

2. 露天采矿场生态恢复

业已形成的露天采矿场，当矿场底面无积水或很少积水时，矿场底部和边帮可以分别采取技术措施进行恢复与重建。对于矿场底部，一般在裸露的岩体上部覆盖坚石层，经过平整后铺垫次土层，在最上部铺设作为植被种植载体的表土层；如果矿场底部有较深的（大于 0.5m）常年积水或季节性积水，可以按照湿地维育的做法采取生态重建措施。矿场边帮宜结合原来台阶形的地貌景观设计恢复成梯田结构，在斜坡面上植草，在梯田田面上栽树，在树下植草，形成能够封闭裸岩、保持水土的立体植被体系，见图 3-79。

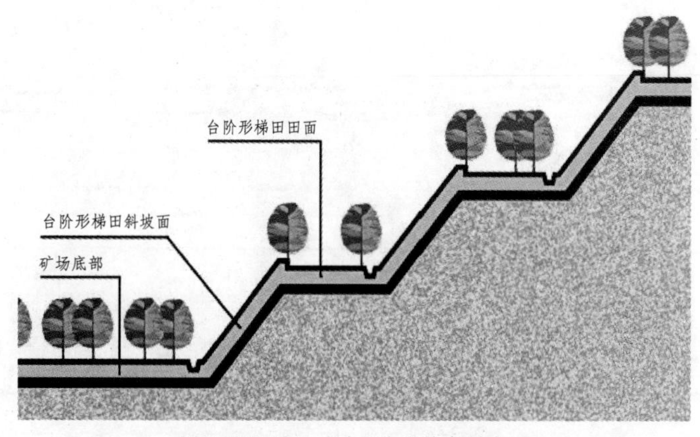

图 3-79　露天采矿场生态恢复示意图

3. 工业废弃物堆场生态恢复

工业废弃物堆场包括矸石山、废渣山、排土场、尾矿场等。其中，具有代表性的矸石山的生态恢复措施包括以下几种：

（1）山体整形。矸石山多呈圆锥形，坡度一般为36°，为满足植被栽植和水土保持的要求，需要对山体进行整形处理。国外常用的“缓坡整地法”完全改变山体形态，使山体坡度平缓，不足之处是工程量大、成本高（图3-80）。国内一般采用“反坡梯田整地法”，考虑由上而下施工方便以及植被灌溉的需求，基本保持山体形状和坡度，梯田田面与坡面坡向相反，便于蓄水，反坡坡度为15°（图3-81）。

（2）建立可抵达山顶的环山道路。环山道路建设可以满足生态恢复工程施工的运输要求，也便于生态恢复完成后游人登山。

（3）山体表面覆盖物料。国外一般采用树皮、碎木屑、城市污泥等含有大量有机质、养分和微生物的物料，国内多采用覆土。

（4）植被引入和栽种。基于对矸石理化特性的分析，依据当地自然条件选择能在矸石山上定居的植物，优先采用耐干旱、耐贫瘠、根系发达、萌发强、生长快的乡土草种和树种。

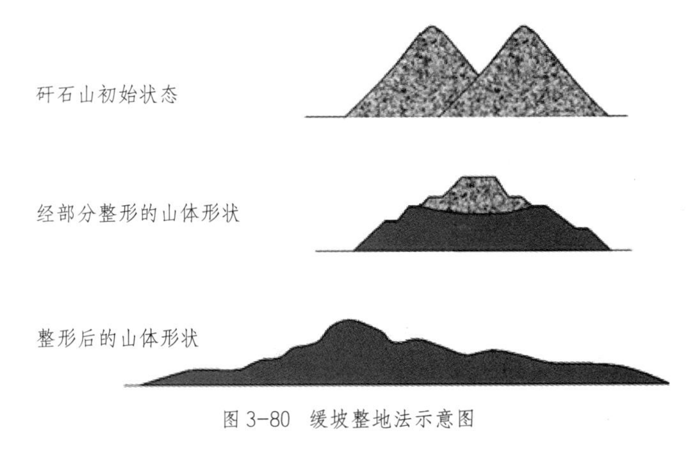

图 3-80 缓坡整地法示意图

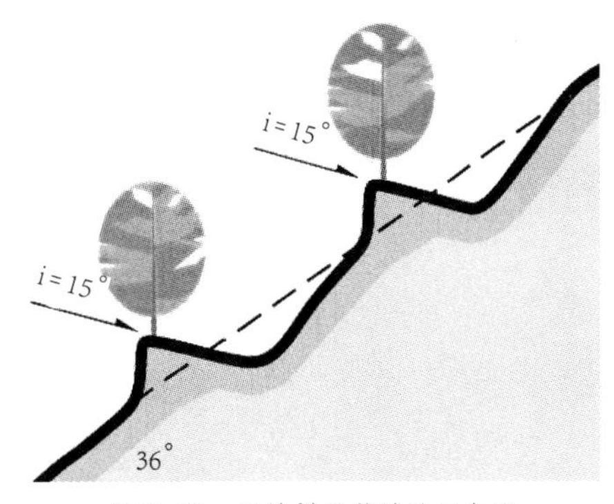

图 3-81 反坡梯田整地法示意图

4. 废弃物再利用

可以进行再利用的废弃物包括：不具有环境污染的且对人体没有危害的废弃工业原材料、废弃工业半成品、废弃机器设备及其零部件、工业生产排放的废弃物、部分工业建构筑物拆除或破坏遗留在场地上的废弃建材、工业生产过程在地表形成的废弃物，等等。

废弃物再利用的主要方法包括：

（1）废弃物作为景观构成要素直接再利用。利用这种方法可以构建与旧工业厂区的整体环境氛围相匹配的场地景观。例如，在北杜伊斯堡景观公园中，利用工业生产形成的沉积在厂区内的废渣铺筑道路、广场；采用厂区中的废沙土铺设活动场地，等等。

（2）废弃物直接作为景观设施的砌筑材料。就地取材，充分利用场地中砖、石、土、砂等废弃建材以及煤

图 3-82 波鸿城西公园多层次的园路

矸石、尾矿石等，砌筑景观小品、挡土墙、台阶、花坛等景观设施，也可以作为土方材料或水渠、湿地、河道的填筑材料。

（3）废弃物经过二次加工作为景观设施材料。例如，利用废弃的金属材料、废弃机器设备及其零部件等经过二次加工后，作为景观小品、雕塑艺术作品的材料或构件。

3.4 空间布局结构整合

原工业厂区的空间布局一般是依据生产性质、生产规模、生产工艺流程和生产组织特点、生产管理方式、基地环境条件等因素设计。后工业景观公园的空间布局目标则是对景观进行合理、明确分区，采用通达、便捷的游览路线把主要的景区、景点连接起来，形成空间序列和吸引人的景观形象，并将文化体验、参观游览、休闲娱乐、体育运动、观看或参与表演、会议、商业购物、餐饮等各种活动组织起来。由于与工业厂区空间布局的出发点不同，需要对原来的布局结构进行重新梳理和整合。

波鸿城西公园地形总体上呈“盆”形，由于多年生产活动在场地周边形成高起的路堤，其标高比城市和园区内部分别高出约 20m 和 10m。设计者利用周边高出的路堤围构成公园环形道路，并运用桥、步行道、自行车路、台阶、大坡道等交通元素把位于不同标高的各层次连接起来（图 3-82– 图 3-84）。

图 3-83 波鸿城西公园高架坡道

图 3-84 波鸿城西公园悬索桥

北杜伊斯堡景观公园的设计者将园区梳理、整合为水公园（Water Park）、铁路公园（Railroad Park）、公共使用区（Areas of Use）和公园道路系统四个景观层次。

中山岐江公园由大门区、3个综合服务区和4个休闲活动区组成，采用了三种道路系统组织园区景观：沿公园周边形成环形道路；北区运用了黑白相间的直线非正交网格的步行道系统将2个休闲活动区、2个综合服务区与公园主入口连接起来；南区则采用了蜿蜒曲折的自由曲线形道路网结构[26]。见图3-85。

北杜伊斯堡景观公园、中山岐江公园的空间布局结构整合详见第4章的案例介绍分析。

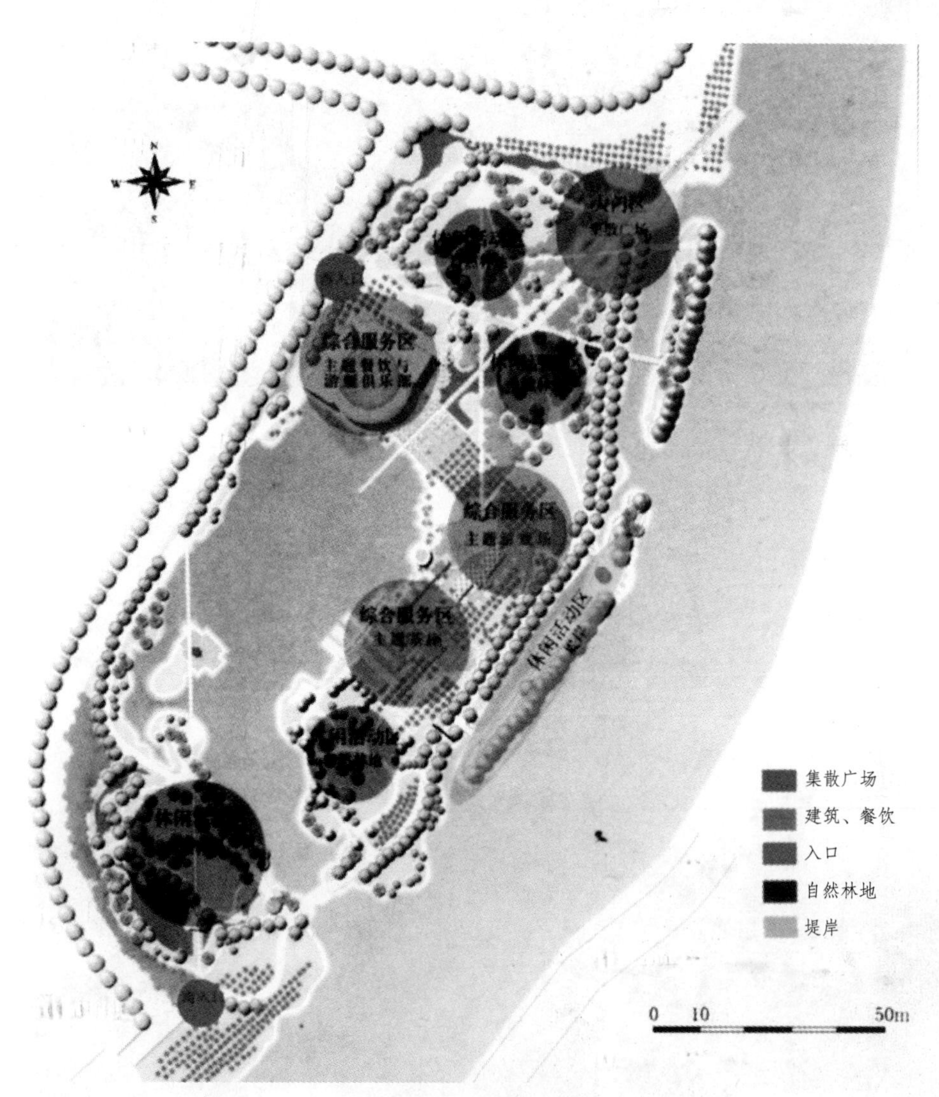

图3-85 岐江公园功能分区图

4 国内外后工业景观典型案例分析

4.1 德国北杜伊斯堡景观公园[27]

4.1.1 项目概况

北杜伊斯堡景观公园（North Duisburg Landscape Park）位于德国鲁尔区杜伊斯堡市北部，总占地面积230hm^2，利用原蒂森公司（August Thyssen）的梅德里希钢铁厂（Meiderich Ironworks）遗迹建成。该钢铁厂1903年投产，总产量共3700t，仅1974年生铁产量就达100万t，是高产量的钢铁企业（图4-1）。1984年为应对欧洲产品配额限制的要求，工厂5号高炉为现代化改造付出了高昂的成本。1985年钢铁厂关闭，曾经与杜伊斯堡市共存了大半个世纪的工厂面临着拆除或保留的抉择。最终城市选择了后者，对工业遗迹予以保留，赋予其新的功能，并在景观美学意义和生态特质上加以强化。1989年北莱因—威斯特法伦州政府机构在一项房地产基金的支持下购买了钢铁厂的用地，组建了开发公司；杜伊斯堡市也调整了规划，将用地性质转化为公园用地。这样该工厂改造项目被纳入到“国际建筑展埃姆舍公园”计划“绿色框架”主题下的景观公园系统中，作为前期的探索性重点项目，于1990年举办了国际设计竞赛。组织者在报名的65个设计机构中遴选出包括法国景观设计大师伯纳德·拉索斯（Bernard Lassus）和德国景观设计大师彼得·拉兹（Peter Latz）在内的5个设计团队参赛。1991年竞赛

图4-1　蒂森梅德里希钢铁厂1954年的航拍图

结果公布，彼得·拉兹事务所的方案以其新颖独特的“后工业景观”设计思想、手法和现实可行的实施对策而最终获胜。1994 年夏天公园首次对公众正式开放，好评如潮。彼得·拉兹先生因其在项目中的卓越工作成果而于 2000 年获得第一届欧洲景观设计奖，并被尊为后工业景观设计的代表人物。北杜伊斯堡景观公园则被誉为后工业景观公园的经典范例。

4.1.2 后工业景观设计方法

4.1.2.1 保护与延续工业文化

北杜伊斯堡景观公园最突出的特色是强调工业文化的价值，体现在对废弃工业场地及设施保护与利用的理念和对策上。

（1）表明了对废弃工业场地及设施的态度。拉兹认为，废弃工业场地上遗留的各种设施（建筑物、构筑物、设备等）具有特殊的工业历史文化内涵和技术美学特征，是人类工业文明发展进程的见证，应加以保留并作为景观公园中的主要构成要素。

（2）对原工业遗址的整体布局骨架结构（功能分区结构、空间组织结构、交通运输结构等）以及其中的空间节点、构成元素等进行全面保护，而不仅仅是有选择地部分保留。拉兹在对各种由炼钢高炉、煤气储罐、车间厂房、矿石料仓等独立工业设施构成的点要素，铁路、道路、水渠（埃姆舍河道）等构成的线要素以及广场、活动场地、绿地等开放空间构成的面要素等进行结构分析的前提下，使旧厂区的整体空间尺度和景观特征在景观公园构成框架中得以保留和延续，见图 4-2。

（3）通过对场地上各种工业设施的综合利用，使景观

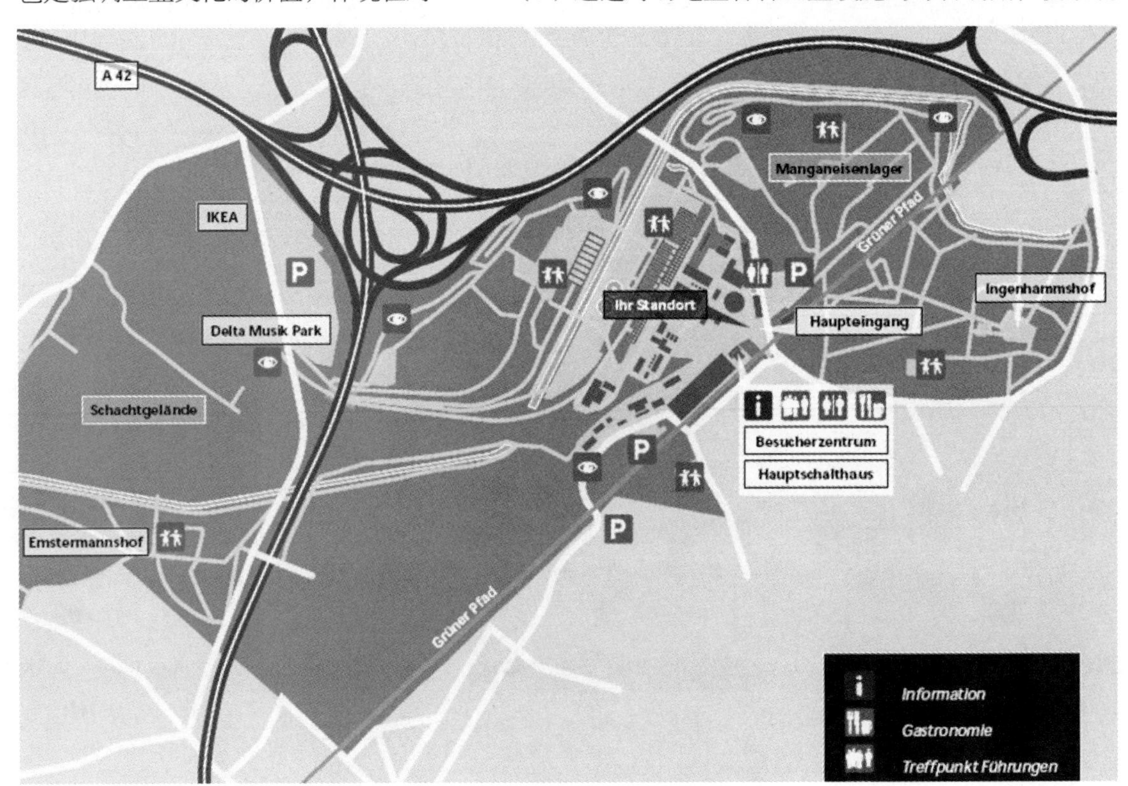

图 4-2　北杜伊斯堡景观公园总平面图

公园能容纳参观游览、信息咨询、餐饮、体育运动、集会、表演、休闲、娱乐等多种活动，充分彰显了该设计在具体实施上的技术现实性和经济可行性。综合利用具体对策包括：

① 整体厂区的“博物馆模式”。布局结构和各节点要素得到全面保护的整体厂区向公众全面展示了有关工业生产的组织、流程、技术特征、相关设施、景观尺度和综合形象，也映射了工厂的发展历史进程，可以作为有关工业技术与文化的具有科普教育意义的巨型博物馆。

② 料仓花园的“体育休闲活动、儿童娱乐、展览模式”。利用原来贮存矿石和焦炭的料仓，更新改造为能容纳攀岩、儿童活动、展览等综合活动的场所。料仓的顶部设计成纵横交错的网格状步行道，与“铁路园”的高架步道系统位于同一标高上；1990 年，公园正式对公众开放之前，德国登山协会的杜伊斯堡分会利用料仓的厚重的混凝土墙壁建立了攀岩运动的场所；拉兹在“料仓花园”的北侧设计了专供儿童游戏的滑梯、绳索等设施；串联式的展览空间则是通过在厚达 2-3m 的混凝土墙壁上开凿出洞口形成的，见图 4-3–图 4-6。

图 4-3　料仓花园中的攀岩场地

图 4-5　料仓花园中的儿童活动场地（二）

图 4-4　料仓花园中的儿童活动场地（一）

图 4-6　料仓花园中的展览空间

③ 1 号高炉铸造车间的“多功能综合活动中心模式”。1 号高炉的铸造车间局部改造成为 1100 个活动座位的夏季露天影剧院的舞台，并在露天场地上加建了轻钢支架玻璃棚（图 4-7– 图 4-8），也可用于举办其他会议、演出活动。

④ 5 号高炉的“观景模式”。5 号高炉于 1985 年 4 月停产，现更新为游人可以攀爬到顶部的 70m 高观景平台上鸟瞰公园全景的观景塔。

4.1.2.2 空间布局结构整合

设计者将范围广阔、尺度巨大、景观破碎、布局混乱的园区梳理、整合为水公园、铁路公园、公共使用区和公园道路系统四个景观层次。

1. 水公园（Water Park）

公园标高最低的层次，由净化水渠、净水池、冷却池等水体构成。净化水渠是对由东向西流经整个厂区的埃姆舍河进行净化的河道。水渠两岸栽植了自由生长的植被，每隔一段距离布置有台阶和平台以满足游人亲水的需求。见图 4-9– 图 4-10。

2. 铁路公园（Railroad Park）

铁路公园与高架步行道系统相结合，是园区标高最高的层次，高出地面约 12m，通过楼梯、台阶等与其他空间层次相连接。该层次不仅形成了独特的景观视野，而且作为水平线元素将各个庞大的独立工业设施连接起来，丰富了景观向度（图 4-11– 图 4-13）。铁路公园层在东西方向上穿越整个园区，并在中部偏西的位置呈编组形式

图 4-7　1 号高炉铸造车间更新为露天影剧院（一）

图 4-9　“水公园”中的水池及水生植被

图 4-8　1 号高炉铸造车间更新为露天影剧院（二）

图 4-10　“水公园”中的水渠堤岸上的植被及台阶

图 4-11 “铁路公园”层的高架步行道系统

图 4-12 高架步行道系统

图 4-13 从铁路公园层标高（料仓花园顶部）望 1 号、2 号高炉

放大，设计者将其命名为“铁路竖琴”（Rail harp），见图 4-14。

3. 公共使用区（Areas of Use）

包括金属广场、考珀活动场地、熔渣公园、料仓花园、开放绿地等公共开放空间。

金属广场（Metallic Plaza）位于厂区中心的位置，在 1 号高炉铸造车间的北侧。

考珀活动场地（Cowper Places）位于 5 号高炉北侧、2 号高炉南侧，原来作为堆放废渣的场地，现更新改造为林荫广场，作为举办多种活动的场所。广场地面利用废渣铺筑，并在广场中均匀栽植桦树（图 4-15–图 4-16）。

熔渣公园（Sinter Park）位于埃姆舍河渠的西侧，与“料仓花园”隔水渠相望。在利用废弃的熔渣铺砌的地面上种植树木形成小树林；熔渣公园的北端布置了一座半

图 4-14 铁路公园局部

圆形的露天剧场，采用的砌筑材料是将废弃的红砖磨碎后作为骨料制成的红色混凝土。

开放绿地主要指分布在厂区东西两侧的田野、林地等大尺度的开放空间。

4. 公园道路系统

包括公园步行道和自行车路。将原来零散分布的城市街道连接整合成完整的交通系统。

4.1.2.3 生态学理念与技术应用

1. 水污染净化与雨水收集

在北杜伊斯堡景观公园设计中，由东向西穿越公园、原作为开敞的排水渠的埃姆舍河道污染治理的措施是将污水与净水系统进行分离改造。埃姆舍河流经公园的长度约 3km，过去生活污水、工业废水、雨水、垃圾等都排放到河道中，使水体污秽不堪，夏季气味刺鼻。经改造后污水由地下直径 4m 的污水管道排走，经过净化的水则采用水渠的形式以避免与受污染的土壤接触；从场地和建筑屋顶上收集的雨水经过管道进入冷却池和经过污泥清除的沉淀池过滤后，再引进水渠湿地进一步净化，水污染净化的部分主要布置在厂区中部（图 4-17–4.19）。

图 4-15 由 5 号高炉俯瞰考珀活动场

图 4-17 公园净水池

图 4-16 考珀活动场局部

2. 风能利用

设置在水渠岸边的"风塔"可以利用风力将水渠中经净化的水从底部提升到高架步行道标高层，作为旱季灌溉植被用水；在其他季节，经过提升的水又回灌到水渠中，通过这一循环过程一方面营造了富有意趣的水的流动、跌落的视听环境；另一方面通过增加了水体与氧气的接触来提高净化质量。"风塔"装置中的关键组件是"风轮"（wind wheel），它能保证即使在风力较弱时也能产生较高的输出效率（图 4-19– 图 4-20）。

3. 植被保护

在废弃地受污染土壤上的野生植被得到了保护。据统计，这些野生植被有 450 多种，成为多种植物生长和鸟类栖息的场所。

4. 工业废弃物利用

利用工业生产形成的沉积在厂区

图 4-18　水渠及岸上的植被

图 4-19　风塔

图 4-20 风力提升装置局部

内的废渣铺筑道路、广场以及新的净水河渠的河床。

4.2 法国巴黎雪铁龙公园

4.2.1 项目概况

雪铁龙公园（Parc Andre Citroen）位于法国巴黎市中心区西南部濒临塞纳河畔的第15区，占地面积为14万m^2。1784年，该用地被ArtoiS伯爵买下，建成了化学制品生产厂；1919年，工业家安德烈·雪铁龙在这里建立了著名的雪铁龙汽车制造厂，生产包括汽车在内的多种产品；1970年，雪铁龙工厂由于自身产业发展以及巴黎的"城市化"战略要求迁出该址，用地被政府购买。1985年，市政府拟利用该用地建设公园，并组织了国际设计竞赛，最终将两个并列一等奖方案综合后作为最终实施方案。其中，公园北部由景观师克莱芒(G.Clement)和建筑师博格(P.Berger)设计，包括白色园，2个大温室，7个小温室，运动园和6个系列花园；公园南部由景观师普洛沃斯(A.Provost)和建筑师维吉尔(J.P.viguier)及乔迪(J.F.Jodry)设计，包括黑色园，中心草坪，大水渠和水渠边7个小建筑。由于公园在雪铁龙汽车制造厂旧址建造，因此命名为"雪铁龙公园"[28]。雪铁龙公园总体布局见图4-21、图4-22。

4.2.2 后工业景观设计方法

4.2.2.1 工业结构内涵保护与再生

雪铁龙公园的设计与建造将原有的工业设施全部拆除，但保留了一条雪铁龙工厂时期的道路，斜穿场地，作为对原厂区空间肌理的保护和隐

图4-21 雪铁龙公园区位示意

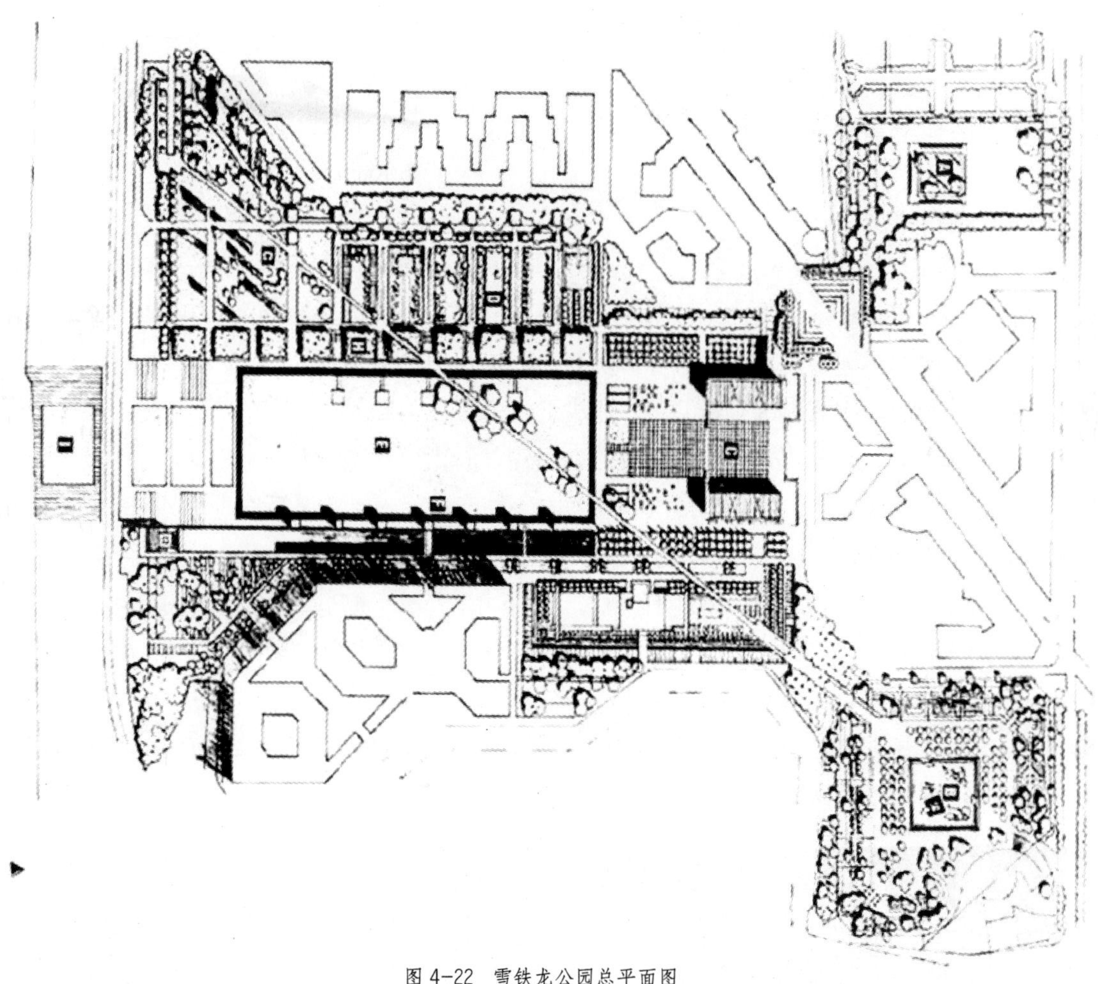

图 4-22 雪铁龙公园总平面图

喻。新景观设施的设计在形式、材料运用和空间尺度上力求与原工业景观特质相呼应。例如，位于公园中轴线东端起点的温室采用钢和玻璃建造，具有现代工业特征；大草坪南部的临水建筑和水渠在尺度和形态上与工业建筑形式相呼应；园区道路设计为直线型与原厂区的交通结构相契合；公园中大面积开放空间与小尺度庭院空间形成对比，营造了具有工业化氛围的空间，等等，见图 4-23、图 4-24。

4.2.2.2 空间布局结构整合

雪铁龙公园的空间系统从场地历史和城市结构肌理出发，设计了一条垂直于塞纳河并贯穿主园的中轴线，作为整体空间的控制性要素。公园的核心是一个临塞纳河的巨大的矩形草坪绿地（图 4-25），并呈斜面坡向塞纳河。大绿地的东端布置了 2 座大玻璃温室，2 座温室之间为喷泉广场（图 4-26）；大草坪北部规划布置了一系列外轮廓为矩形的、高低错落变化丰富的小空间、小花园，并通过甬道等线性空间相连接（图 4-27– 图 4-30）；公园交通以人行步道系统为主导，营构便捷、易达而又富有意趣的空间流线；河岸边架设了高架桥使郊区快速铁路从公

图 4-23　由钢和玻璃建造的具有现代工业特质的大温室

图 4-24　公园南部的水渠和临水建筑

图 4-26　两座温室间的喷泉

图 4-25　大草坪及水渠

园上空越过；城市机动车道则从地下穿过。

4.2.2.3 生态重建

雪铁龙公园通过精心设计的植被配置重建园区的环境生态。以植物的叶和花的色彩为各分区命名，诸如红色园、白色园、橙色园、黑色园、金色园、蓝色园、绿色园等。各园的植被种类与园名相匹配，例如，在黑色

图 4-27 高差变化的室外空间

图 4-28 下沉小花园

图 4-29 小花园

图 4-30　花园甬道

图 4-32　花园植被（二）

图 4-31 花园植被（一）

图 4-33 花园植被（三）

图 4-34　花园植被（四）

园种植了大量的深色叶植物；红色园种植了明艳的红色海棠花和暗红的桑葚；蓝色园种植了多种蓝色的草本花卉。花园植被见图 4-31– 图 4-34。

4.3 美国西雅图煤气厂公园

4.3.1 项目概况

西雅图煤气厂位于美国西雅图市联合湖（Lake-union）北岸，占地面积约 $8hm^2$。煤气厂始建于 1906 年；1956 年，天然气取代煤气后，西雅

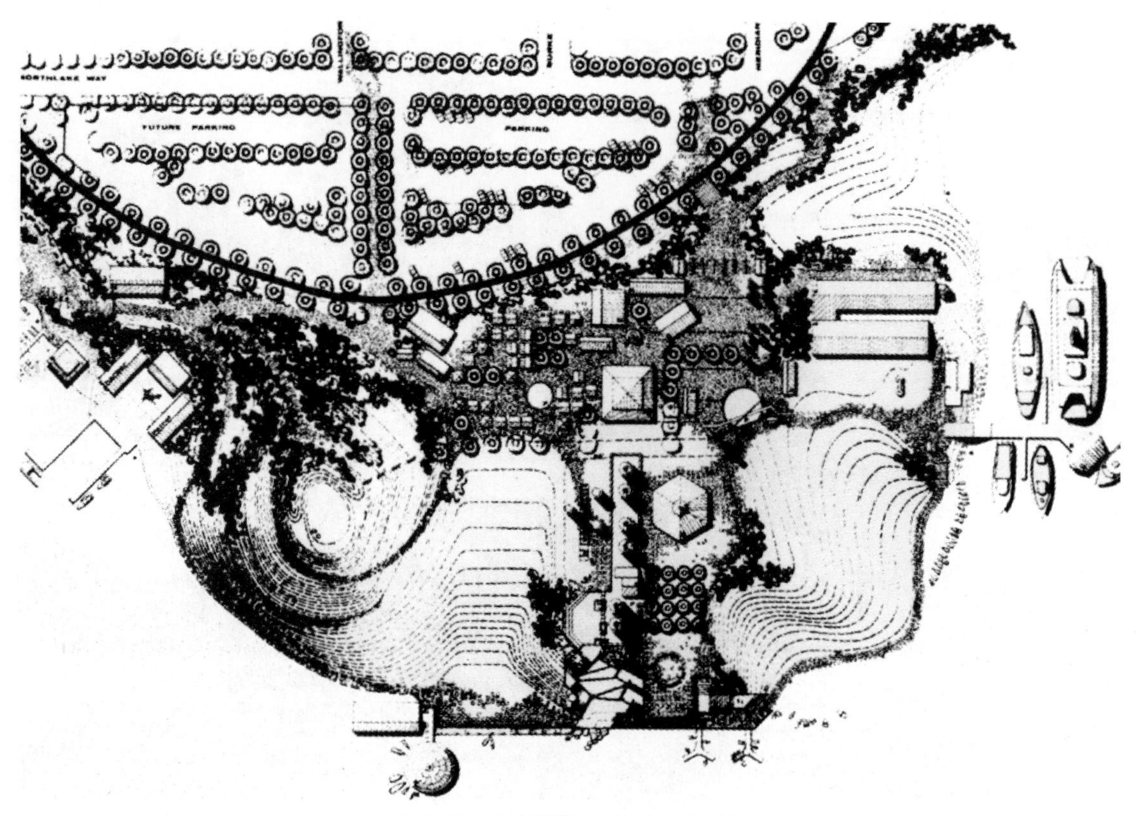

图 4-35　西雅图煤气厂公园总平面图

图煤气厂被迫停产，逐渐演化为工业废弃地；其后，这块场地变成为垃圾和废弃物堆场，对土壤和环境造成严重污染，破坏了城市滨水景观，导致生态退化甚至消亡，并对附近居民的生活质量和身体健康造成威胁。1963 年，西雅图市政府购买了煤气厂土地，并于 1972–1975 年将工业废弃地和巨大垃圾场改造成著名的城市休闲公园。

西雅图煤气厂公园（Gasworks Park Seattle）由美国著名的景观设计师理查德·哈格（Richard Haag）及其设计事务所在全国景观设计方案竞赛中中选，并完成设计。他在运用生物学方法降解场地土壤污染的基础上，选取厂区中具有视觉冲击力的工业设备保留下来，塑造为后工业雕塑，作为开放空间的控制要素，营造了能为市民提供工业文化体验的、富有吸引力的休闲、游憩场所。西雅图煤气厂公园设计使理查德·哈格获得了 1981 年美国风景园林师协会优秀奖。公园总平面图及公园全景见图 4-35、图 4-36。

4.3.2 后工业景观设计方法

4.3.2.1 保护与延续工业文化

理查德·哈格在西雅图煤气厂公园的设计中，运用了当时全新的设计理念和方法。他没有采用将工厂设施全部拆除的传统做法，选择性地保留了具有纪念意义的标志性工业设施——精炼炉和一部分旧工业建筑，用以负载工业文化和场所记忆，传承工业文明，见图 4-37– 图

图 4-36　美国西雅图煤气厂公园全景（由东向西）

图 4-37　保留的标志性工业设施

4-41。哈格凭借其尊重历史文化遗存、延续工业文化特质、低成本解决环境生态问题的景观设计，使西雅图煤气厂公园成为后工业景观的先驱和经典。

4.3.2.2 艺术加工与再创造

哈格对煤气厂遗留下来的部分工业设施进行了艺术化加工处理，使其融入新的景观环境中。例如，哈格将一座压缩车间内的机器设备涂上各种鲜艳的色彩，以吸引了儿童到此探险、娱乐，通过艺术手段增加空间意趣（图 4-42）。

4.3.2.3 生态学理念与技术应用

公园场地中经年积淀的废弃物已造成土壤深层污染（厚达 18m），普通植物难以生长。传统的解决方法是挖除受污染土壤后置换成新土壤，但对原场地干扰较大且成本很高。理

图 4-38 保留的标志性工业设施——精炼炉局部

图 4-39 保留的标志性工业设施局部（一）

图 4-40 保留的标志性工业设施局部（二）

图 4-41 保留的标志性工业设施局部（三）

图 4-42 涂上鲜艳色彩的机器设备

查德·哈格在咨询有关专家并进行土壤改良试验后，提出了运用生物学方法在原地降解土壤污染。即移走污染源，只清除掉表面污染最严重的土壤，利用土层中的矿物质、细菌以及添加在土中的草屑、淤泥等增加土壤肥力，培植微生物来逐步消化深层土壤中的化学污染物[29]，以低成本实现受污染土壤的自组织修复，成为日后土壤生态修复与重建的经典示范案例之一。

西雅图煤气厂公园因由文化、景观和空间的特殊性以及其后工业景观里程碑的地位而备受关注和喜爱，目前已成为市民和游客休闲和游览的重要场所之一。见图4-43、图4-44。

图 4-43　公园中市民和游客进行休闲娱乐活动

图 4-44　公园中市民和游客国庆集会

4.4 上海宝山国际节能环保园（上海铁合金厂）

4.4.1 项目概况

上海宝山国际节能环保园位于上海市宝山区长江西路 101 号，占地面积 32 万 m^2，是原上海铁合金厂所在地。上海铁合金厂建于 1958 年，曾是我国冶金行业中八大重点生产企业之一。厂区原有 14 座铁合金生产电炉，年生产能力 20 万 t。2006 年，上海铁合金厂由于产业结构调整而停产。2007 年，在原厂址由上海仪电控股（集团）公司和宝山区政府共同建设“上海宝山国际节能环保园”。园区中的景观园林区占地 5.3 万 m^2，由德国瓦伦丁城市规划与景观设计事务所和上海市园林设计院有限公司共同承担该项目的景观设计。基于“资源再生利用、艺术创造价值”的理念，上海宝山国际节能环保园成为上海传统产业转型为生产性服务业的标志性项目，并成为培育和发展高水平、国际化、专业化的节能环保服务业的示范基

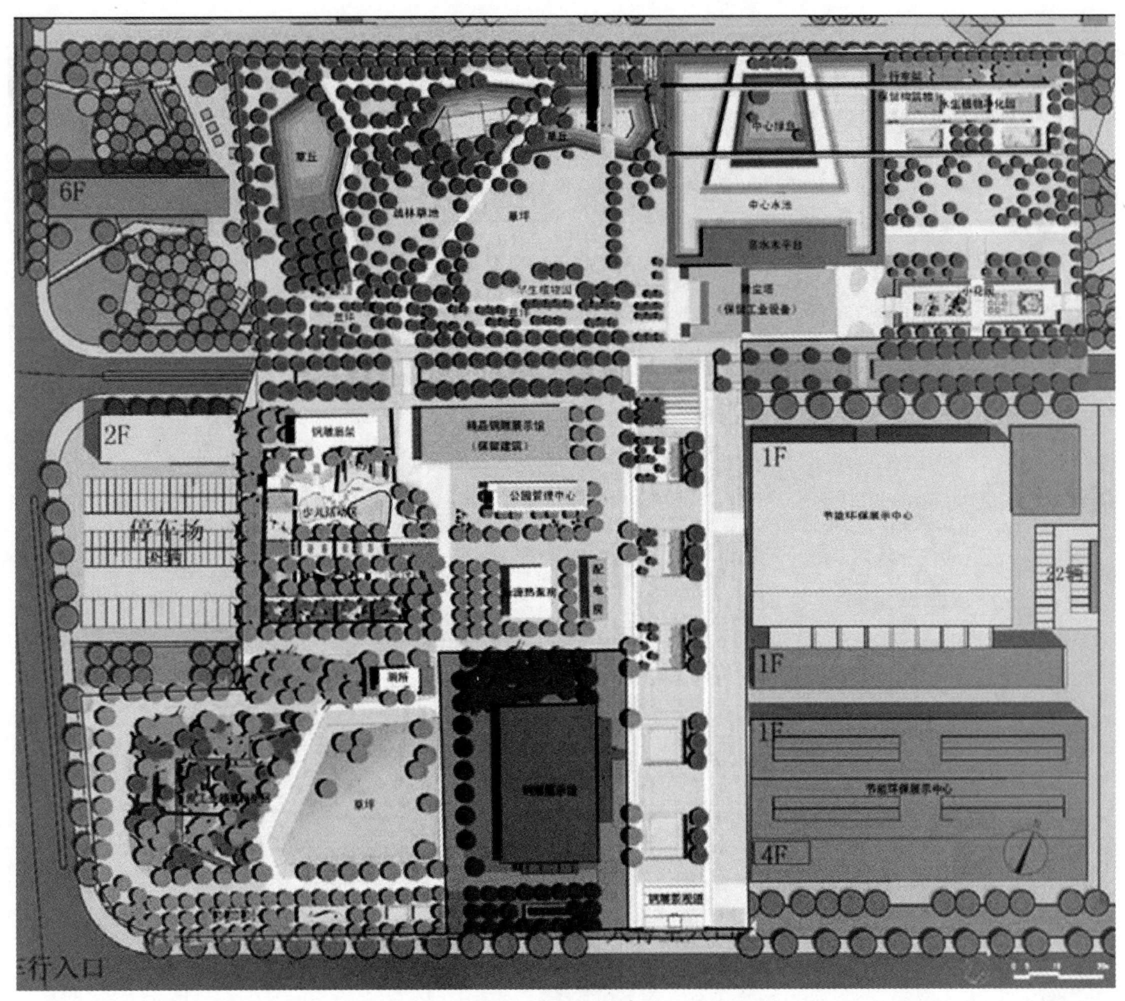

图 4-45 上海宝山国际节能环保园总平面图[30]

地。上海宝山国际节能环保园总体布局及整体景观序列见图 4-45、图 4-46。

图 4-46 上海宝山国际节能环保园主景观轴上的景观序列

4.4.2 后工业景观设计方法

4.4.2.1 保护与延续工业文化

上海铁合金厂拆迁后，遗留下来大量的废弃工业设施，经更新改造后被赋予了新的使用功能。例如，除尘塔原为储存粉尘的容器，体量巨大，外表已经斑驳锈蚀，改造为具有标志意义的“钢雕一号”，并将内部空间再利用为咖啡厅等服务功能（图 4-47）。厂区中废弃的其他旧工业建筑物、构筑物也大部分保留下来，或更新为功能空间，或作为雕塑性景观，共同营构后工业环境氛围。

图 4-48　中心水池及亲水平台

4.4.2.2 空间布局结构整合

公园的整体景观空间布局尽可能保留原厂区空间结构，营造大尺度的开放空间，并通过简练、明确的分区和便捷通畅的交通对空间和景观要素进行组织。在景观整体布局中采用了水系、亲水平台、地面铺装、小花园等作为串联和活跃空间结构的要素（图 4-48－图 4-50）。

公园主要分为五大功能区：景观区、钢雕展示区、少儿活动区、节能环保展示区、办公服务区（图 4-45）。景观区位于园区北部，由除尘塔、亲水平台、行车架及下方的水池等展示后工业空间；并通过水生植物净化园、小花园、旱生植物园、疏林草地、草坪等改善、优化园区生态环境。钢雕展示区位于园区核心，作为艺术家艺术创作作品的汇集地。少儿活动区紧邻钢雕展示区，设置了各种适合青少年的运动项目，如山地自行车道、滑板、

图 4-47　标志性除尘塔更新为一号钢雕

图 4-49 景观要素构成

图 4-51 少儿活动区

图 4-50 小花园

乒乓球、沙坑、蹦床、攀援、滑梯等（图 4-51）。

图 4-52 保留下来的行车架作为空间界定的雕塑性景观

4.4.2.3 艺术加工与再创造

（1）对保留下来的废弃工业设施进行艺术化设计。例如，将保留下来的行车架作为空间界定的雕塑性景观（图 4-52）。

（2）利用废弃工业设施或材料等创作雕塑等艺术品，对整体景观环境进行艺术化装饰，凸显后工业特质。例如，艺术家利用废旧钢铁和机器部件等加工制造成小火车头、中心水景中的乐队组群、天鹅、枯树、门架等（图 4-53 – 图 4-57）。

图 4-53 用废旧钢铁和机器部件加工制造的小火车头

（3）用色彩鲜艳的油漆涂刷机器设备，进行艺术化加工。例如，将废弃的鼓风机外壳、旧叉车等涂上鲜艳的颜色，强化视觉艺术效果（图 4-58 – 图 4-59）。

4.4.2.4 生态学理念与技术应用

宝山节能环保园在景观塑造中对生态学理念与技术

图 4-54　中心水景中的乐队组群

图 4-56　利用废弃金属塑造的枯树雕塑

图 4-55　利用废弃金属和构件组塑成天鹅雕塑

图 4-58　废弃鼓风机外壳涂刷彩色油漆

图 4-57　利用废弃金属构件塑造的门架雕塑

图 4-59　经过色彩艺术加工的旧叉车

的应用主要体现在：废弃建筑、材料和设备再利用，原有植被保留，生态重建，雨水收集利用等方面。例如，保留园区中自然生长的、已适应高污染环境的植被，用以吸附环境里的氮、磷及重金属，降低环境污染（图 4-60）；采用废弃混凝土块填充、砌筑景观墙；利用各种建筑废料充当渗水铺装材料建成小花园（图 4-61）；利用废弃石头铺筑路面；收集、净化利用降落在屋面和地面的天然雨水作为园内水景的主要水源之一。

图 4-60 保留下来的自然植被

图 4-61 利用废弃石头和材料铺筑的景观

4.5 上海城市雕塑艺术中心（红坊）

4.5.1 项目概况

上海城市雕塑艺术中心（红坊）位于上海市长宁区淮海西路 570 ~ 588 号，是原上钢十厂厂址。该厂创建于 1956 年，是上海第一个自主创建的钢铁厂；1983 年，厂区扩建；1995 年，工厂转型，该场地成为工业废弃地，处于闲置状态；2005 年，园区工程动工兴建，总占地面积约 56 000m^2。

该园区的功能定位为公共文化艺术的展示、储备、交易、教育，为专业人士和社会大众提供文化、艺术和创意交流的国际化平台。现入驻企业主要有建筑规划设计、艺术创作、画廊、影视、咨询、外贸等，还有作为配套服务的咖啡厅、茶馆、酒吧、西餐厅等。园区的核心是上海城市雕塑艺术中心，为上海市城市雕塑委员会、上海市城市规划管理局为发展上海城市雕塑而专门设立的民办公助的综合性艺术机构。园区总体布局和环境景观见图 4-62 – 图 4-66。

4.5.2 后工业景观设计方法

4.5.2.1 工业文化保护与传承

原厂区中的旧工业建筑得到了保护和更新利用，主

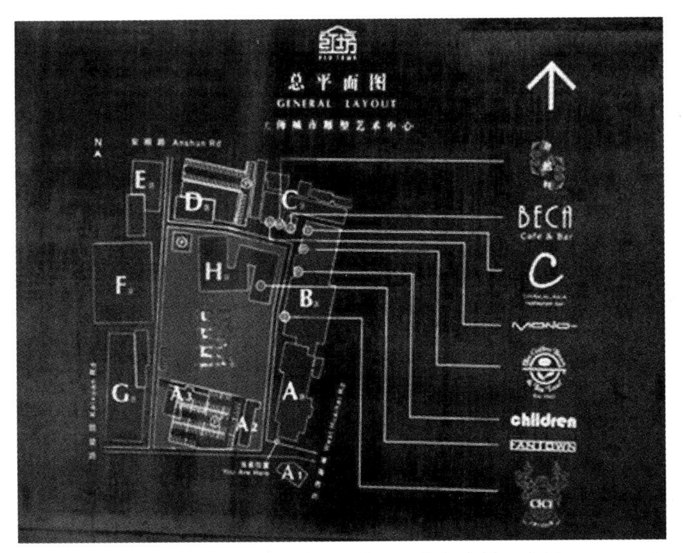

图 4-62 指示标牌上标示的园区整体布局示意图

图 4-63 园区环境景观（一）

图 4-64 园区环境景观（二）

图 4-65 园区环境景观（三）

图 4-66 园区环境景观（四）

要模式有：

1. 艺术展览馆模式

原厂冷轧带钢厂厂房群改建成包括上海城市雕塑艺术中心在内的大型公共艺术品展示区。

2. 文化创意办公模式

园区中的 A、B 区利用工业厂房的大空间和结构安全优势，与艺术展览空间相结合，营造 LOFT 文化创意办公。底层空间和共享空间用于艺术品展示，二层或夹层空间用于文化创

图 4-68　采用形状规则的简洁几何形构图的地面铺装

意办公（图 4-67）。园区中的 C、H 区则主要为文化艺术商业办公区。

3. 体育休闲模式

园区中的部分旧厂房建筑被改造为搏击俱乐部和训练场。

4. 商业服务模式

利用园区中原工业建筑设置了酒吧、咖啡厅、西餐厅等商业配套服务设施。

图 4-67　原厂冷轧带钢厂厂房群改建成公共艺术品展示和文化创意办公

4.5.2.2 空间布局结构整合

上海城市雕塑艺术中心（红坊）对原工业场地进行了空间结构整合，经部分拆除、部分改造后，总建筑面积约 47000m^2。其中，一期建筑面积 20000m^2，分 A、B、C、H 区和 1 号楼；二期建筑面积 27000m^2，分 D、E、F、G 区和 3 号楼。建筑群位于场地的东、西、北侧，建筑群整体布局呈 U 形半围合空间，建筑群围合的中间区域是一块约 10000m^2 的坡地形大型公共绿地，作为室外公共艺术展示空间。室外展示空间的地面铺装构图采用形状规则的简洁几何形，作为艺术作品的背景（图 4-68）。

图 4-69　园区室外艺术展场上展示的雕塑艺术作品

图 4-70　用废弃机器部件和材料制成的牛雕塑

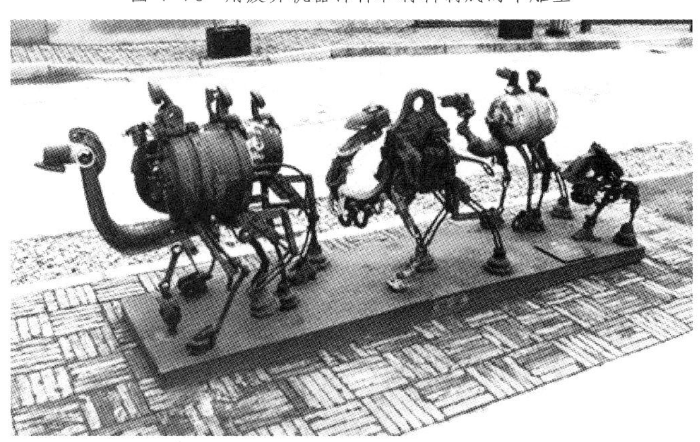

图 4-71　用废弃机器部件和材料制成的骆驼雕塑

地形起伏的开放绿地（艺术展场）的地下空间辟为艺术画廊和创意办公室。开放绿地（艺术展场）上布置了各种活的或永久的雕塑艺术品或景观小品，与起伏的地形相契合（图 4-69）。南侧为整个雕塑中心的出入口，并布置停车空间。

4.5.2.3 艺术加工与再创造

在室外艺术展场上，利用废弃机器零件、废弃材料等加工成了各种形态的、极具工业感的艺术雕塑（图 4-70－图 4-75），使后工业氛围与现代艺术有机融合在一起。设计者还将部分厂区中原有的设施保护下来经过艺术处理后作为环境中的景观小品（图 4-76－图 4-78）。

图 4-72　废弃工业设施和金属材料铸成的雕塑

4.5.2.4 生态学理念与技术应用

本项目中对生态学理念与技术应用表现为：其一，充分利用场地中废弃的建筑物、构筑物、材料、机器设备、部分废弃物等作为营造园区景观

图 4-73 废弃工业设施和金属材料铸成的雕塑

图 4-75 用废弃钢板铺筑的小径

图 4-76 保留下来的酸洗槽艺术处理后作为景观小品

图 4-74 用红砖砌筑磨制成的汽车雕塑

图 4-77 保留下来的工业“池”作为景观小品

图 4-78 保留下来的铸有上海冶金局的砝码作为景观小品

的素材，节约了用地和材料，降低了成本；其二，保护了园区中部分原有植被，并在改造中重建了部分生态系统；其三，对厂区中原有的污染物进行了清理。

4.6 宁波太丰面粉厂文化创意园区（宁波书城）

4.6.1 项目概况

宁波太丰面粉厂文化创意园区（宁波书城）位于宁波市江东区江东北路 221 号，用地面积 4 万多平方米，曾是宁波太丰面粉厂所在地。太丰面粉厂创办于 1931 年；1941 年 4 月 19 日，宁波沦陷，太丰厂被迫停工；1949 年 5 月 25 日，宁波解放，太丰厂照常开车营业；1991 年，成为全省最大的面粉厂；依据宁波市“三江六岸文化长廊”的规划，老外滩相关区域全部实施功能改造，于是太丰面粉厂迁出；2008 年，江东区文保所对太丰面粉厂旧址进行保护；2010 年，原工业遗存通过改造成为华东地区最大的书城——宁波书城。

4.6.2 后工业景观设计方法

1. 空间布局结构整合

宁波书城采用了“局部区块保护”模式，对原厂区的西部区块和北部区块进行了保留，仅对建筑功能进行了更新。在保护区块结构的基础上，穿插了休闲区、露天剧场和后工业景观雕塑。而对东南部功能区块则采取了完全更新的策略，新建了宁波书城和商务办公楼。

宁波书城共有 8 幢建筑，是一组充满了浓郁历史文化韵味的建筑群。其中 1 号楼和 8 号楼是新建建筑，其余的 2~7 号楼都是老的工业遗存。由德国莱昂建筑师事务所承担改造规划，改造工程由德国工业建筑遗产改造大师温克设计。宁波书城总体布局和群体形象见图 4-79、图 4-80。

2. 保护与延续工业文化

宁波书城保护了原有大部分工业遗存，使城市历史文脉得以保留和延续。在改造中，原工业遗存被赋予了新的功能。见表 4-1、图 4-81－图 4-85。

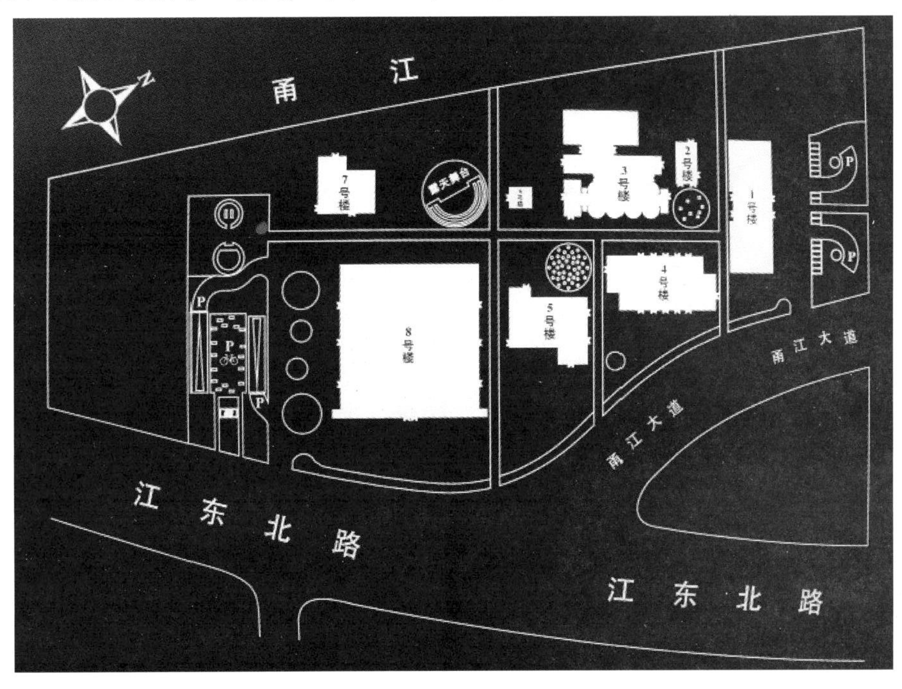

图 4-79　宁波书城总体布局

图 4-80　宁波书城全景

3. 艺术加工与再创造

艺术家利用拆迁后留下的一批废旧的机器创作成雕塑艺术品，例如手拉手的“三口之家”机器人雕塑，放置在室外广场旁的草坪上；还有一些利用废弃的铁板等金属材料制成的羊群、鱼群、水牛、蜗牛、蘑菇等雕塑艺术品，艺术的活跃与历史的沧桑感

表 4-1　宁波书城建筑功能改变对比表

序号	原有功能	现在功能
2 号楼	办公楼	会所
3 号楼	面粉筒	文化艺术工坊（底层和二层为餐厅和专业书店，上部为三层扩建部分）
4 号楼	仓库	商场
5 号楼	仓库	集中式教育培训中心
6 号楼	楼梯塔	媒体塔
7 号楼	锅炉房	文化餐饮

图 4-82　原锅炉房改造为文化餐饮

图 4-81　原面粉筒被保留下来改造为文化艺术工坊

图 4-83　原锅炉房改造为文化餐饮

融为一体，颇耐人寻味。见图 4-86－图 4-90。

4. 生态学理念与技术应用

废弃的材料在该项目中得到了全面应用。例如，废旧铁板制成了露天小剧场的台阶、封闭空间的界面、花坛、标示牌、路牙等，见图 4-91－图 4-93。

图 4-84　保留下来的两个大铁筒

图 4-86　废旧的机器制成的一家三口雕塑

图 4-85　保留的面粉厂大烟囱

图 4-88　利用废旧金属材料铸成的羊群雕塑

图 4-87　废旧材料铸成的水牛雕塑

图 4-90　利用废旧金属材料铸成的鱼群雕塑

图 4-89　利用废旧金属材料铸成的蜗牛雕塑

4.7 杭州西岸国际艺术区

4.7.1 项目概况

西岸国际艺术区坐落于杭州市拱墅区小河路 458 号，京杭大运河拱宸桥西岸，属于杭州运河改造五大工程之一的“运河天地文化创意产业园”

图 4-91　利用废旧金属材料制成休闲空间的半封闭界面

图 4-92 废旧铁板制成的露天剧场和舞台

图 4-93 废旧铁板制成的花坛

的一部分。园区占地面积 14 407m^2，包括 14 幢保留下来的工业建筑，总建筑面积 8 299m^2。

西岸国际艺术区场地原为长征化工厂区。该厂始建于 1950 年，1954 年 10 月正式投产，曾是解放后浙江省轻工系统首批国营企业。基于城市环境优化的“运河综合保护工程”和城市产业布局空间调整，原工业企业搬迁。为保护运河历史文化，有关部门将原厂区打造成运河沿岸的创意园区——西岸国际艺术园区。

4.7.2 后工业景观设计方法

1. 空间布局结构整合

西岸国际艺术区采用整体结构保护模式，原厂区的功能分区结构、空间结构、交通运输结构、具有代表性的空间节点和构成要素以及场地环境等得到了全面保护。园区总体布局见图 4-94、图 4-95。

2. 保护与延续工业文化

长征化工厂老厂区搬迁后，大部分旧工业建筑得到了保护和更新利用。例如，旧办公楼更新为创意办公空间（图 4-96）；旧厂房再利用为博艺美术馆（图 4-97）、城市家具会客厅（图 4-98）以及室内装饰设计公司、建筑设计公司、标识设计公司、景观设计公司、广告策划公司、品牌策划公司、投资管理公司等创意公司的办公空间（图 4-99）。

3. 艺术加工与再创造

厂区中保留下来的废旧机器设备和工业设施，例如管道、泵阀、铁架等，经过艺术化处理后融入整体环境，以彰显园区粗犷、沧桑背景下的精致和细腻，营构另类的时尚。例如，园区北侧的绿地中有一个保留的圆形砖砌池，砖池高约 1m，直径约 10m，沿新设置的红褐色油漆的钢梯可以进入砖池内部，池内有一条石板小路，周围长满杂草，池壁上有一个缺口，池壁的结构和构造完全显露出来，表现出厚重而残缺的美；在砌池东侧，设

图 4-94　杭州长征化工厂建筑群总体布局示意图

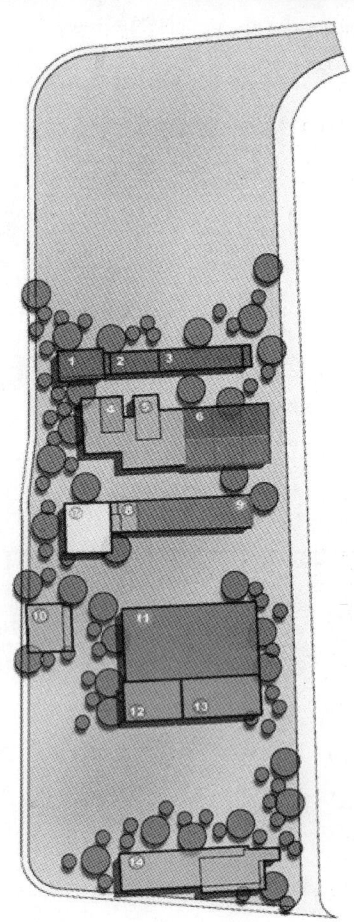

图 4-95 杭州西岸国际艺术区总平面图

图 4-96 西岸国际艺术区旧工业建筑更新为创意办公空间

图 4-97 西岸国际艺术区旧厂房更新为博艺美术馆

图 4-98　旧厂房再利用为城市家具会客厅

图 4-99　旧厂房再利用为创意工作室

计了一组与砖池的钢梯尺度和色彩相近的钢架，作为植物攀援的载体藤条枝叶繁茂。这组传统保护与艺术创作相结合的设施为园区的工作人员提供了创意思考、休闲、交流的别有意趣的场所（图 4-100、图 4-101）。再如，一些旧厂房建筑在改造中将金属构架涂成鲜艳的色彩，通过对比凸显视觉差异（图 4-97、图 4-102）。

4. 生态学理论与技术的借鉴应用

（1）尽可能保护原厂区中的原生植被和生态系统（图 4-103）。而在旧建筑改扩建设计中，也为老树的生长留出足够的空间（图 4-102）。

图 4-101 圆形的砖砌池

图 4-102　涂成鲜艳色彩的钢架和精心保护的老树

图 4-100 红色的钢架

（2）充分利用场地中废弃的材料。例如，地面铺装采用了瓦片砖、鹅卵石、木板材等（图 4-104－图 4-106），不仅节约材料成本，也有助于雨水渗透。再如，利用拆卸下来的砖石砌筑花坛。

（3）在场地景观中新植入了部分绿化植被，见图 4-107。

4.8 北京 798 艺术区

4.8.1 项目概况

北京 798 艺术区位于北京朝阳区酒仙桥街道大山子地区，又称大山子艺术区（Dashanzi Art District，DAD）。艺术区西起酒仙桥路，东至京包铁路、北起酒仙桥北路，南至将台路，占地面积 60 多万平方米，总建筑面积约 23 万平方米。该场地原为前民主德国完成设计和援助建设的“北京华北无线电联合器材厂”，即 718 联合厂，是国家“一五”期间 156 个重点项目之一。718 联合厂于 1952 年开始筹建；1954 年开工建设；1957 年 10 月建设完成，投入生产。与该厂同时筹建的还有 774 厂和 738 厂，3 个工厂为中国电子工业、国防建设、通信工业的发展做出过巨大的贡献。1964 年 4 月，该厂的上级主管部门四机部撤销原 718 联合厂建制，成立了部直属的 706 厂、707 厂、718 厂、797 厂、798 厂及 751 厂。

图 4-103　得到保护的原厂区中的植被

图 4-104　采用瓦片砖地面铺装

图 4-105　采用鹅卵石地面铺装

图 4-106　采用木板材的地面铺装

图 4-107　场地景观中新植入的植被

2000 年 12 月，原 700 厂、706 厂、707 厂、718 厂、797 厂、798 厂等六家单位整合重组为“北京七星华电科技集团有限责任公司”，并对原六厂资产进行重新整合，由于部分房产闲置，七星集团将这些厂房出租。因为园区具有便捷的城市交通、规整有序的规划布局、独特的包豪斯建筑风格、厂房建筑高大的建筑空间、坚固的建筑结构等优势，受到许多文化创意机构和艺术家的青睐，从 2001 年开始纷纷入驻园区。由于文化机构和艺术家最初入驻的区域集中在原 798 厂所在地，故该园区被命名为 798 艺术区。

据统计，目前北京 798 艺术区入驻机构达 400 余家，其中大部分为国内文化人、艺术家，也有部分来自法国、美国、比利时、荷兰、澳大利亚、韩国、新加坡等国的文化机构和艺术家，已逐渐产生聚集效应和规模效应。藉此，798 艺术区已形成了具有国际化色彩的“SOHO 式艺术聚落”，引起了国内外媒体和大众的广泛关注，并已演化成为北京都市文化的新地标。2003 年，798 艺术区被美国《时代》周刊评为全球最有文化标志性的 22 个城市艺术中心之一。同年，北京首度入选《新闻周刊》年度 12 大世界城市，原因在于 798 艺术区把一个废旧厂区变成了时尚社区。2004 年，北京被列入美国《财富》杂志一年一度评选的世界有发展性的 20 个城市之一，入选理由仍然是 798。

4.8.2 后工业景观设计方法

4.8.2.1 保护与延续工业文化

798 艺术区的景观设计由北京土人景观与建筑规划设计研究院承担，采用了“整体结构保护模式”，即完整保留了厂区中的功能分区结构、空间结构和交通运输结构，并对绝大部分老工业建筑、部分有代表性的工业设施以及外部环境进行了保护。798 艺术区的总体布局结构见图 4-108–图 4-110。

厂区中遗留了大量包豪斯风格的旧工业建筑，在保护的基础上采用有限的新元素穿插、叠加、镶嵌在旧建筑形体中，进行了外观局部更新，并通过内部空间的再生赋予其新的功能内容。例如，旧工业建筑更新利用为文化创意办公（涉及设计、出版、文化传媒、影视、展示、演出、摄影、策划、精品家居、时装等行业）、美术展览馆、画廊、艺术家工作室、艺

图 4-108　北京 798 文化区区位示意图

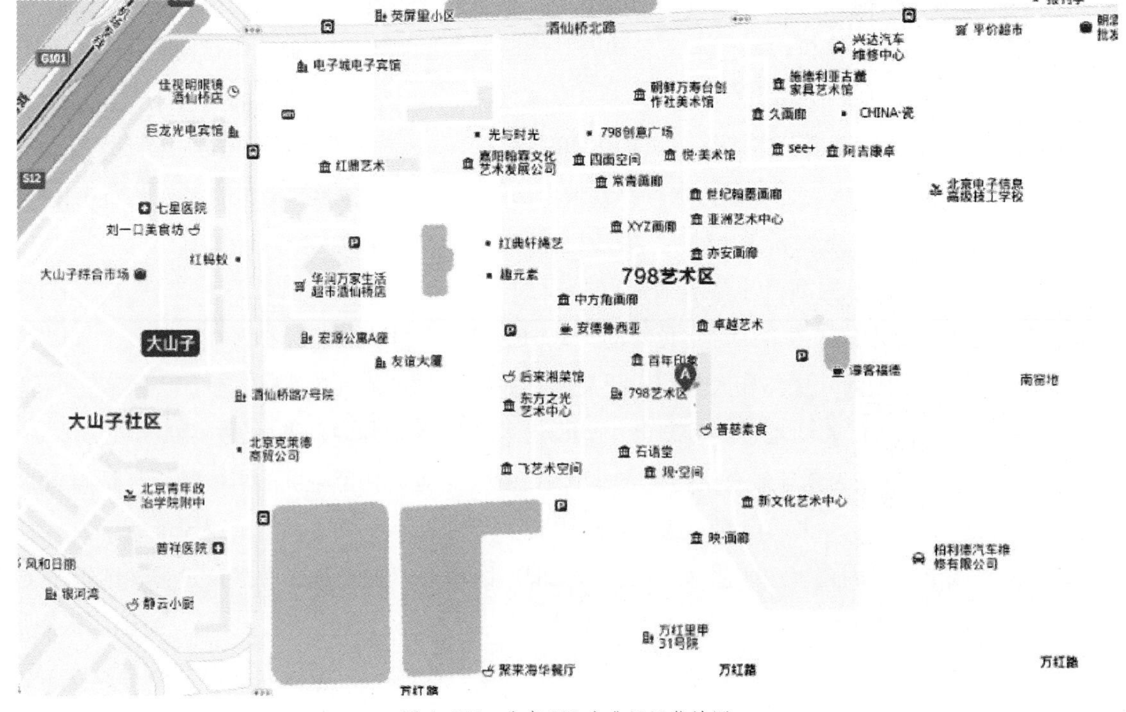

图 4-109　北京 798 文化区区位地图

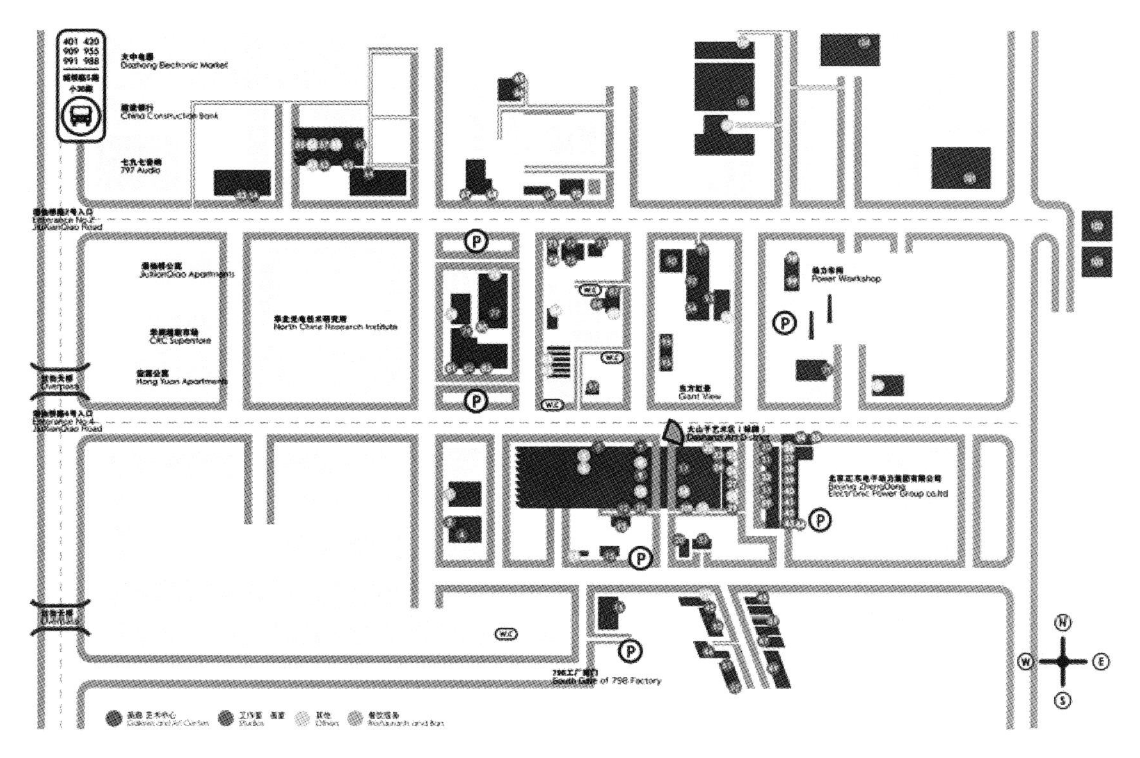

图 4-110　北京 798 文化区导游地图

术品销售店铺、书店、酒店、咖啡厅、酒吧、餐饮店、观演厅等多种模式。见图 4-111－图 4-120。旧工业设施诸如废弃管道、机器设备、烟囱、吊车、机车、铁轨等也被保留下来作为园区中的标志性景观。见图 4-121－图 4-128。

图 4-111　包豪斯风格旧工业建筑保护更新为艺术画廊

4.8.2.2 艺术加工与再创造

（1）工业设施艺术化设计。798 艺术区中旧的工业储罐外表皮拆除后，只保留金属骨架作为园区中的雕塑景观（图 4-129）；在旧建筑的更新改造中，对旧建筑的外表皮采用艺术装饰的手法进行处理（图 4-130－图 4-132）。

（2）艺术化装饰。由于园区中入驻了大量的文化创意机构和艺术家，很多雕塑作品布置在园区的外部空间中（图 4-133－图 4-135）；另外，艺术家们利用旧建筑外墙的涂鸦作品也随处可见，强化了园区的艺术氛围（图 4-139－图 4-141）。

图 4-112　旧工业建筑更新为陶艺馆

图 4-113　旧工业建筑保护更新为艺术展览馆

图 4-114　旧工业建筑保护更新为美术馆

图 4-115　旧工业建筑保护更新为当代艺术中心

图 4-116　旧工业建筑更新为艺术家工作室

图 4-117　旧工业建筑更新为休闲家具馆

图 4-118　旧工业建筑保护更新为多功能展示和活动大厅

图 4-120 旧工业建筑更新为餐饮店

图 4-119 旧工业建筑更新为书店

图 4-121 厂区中保留的工业管道（一）

图 4-122 厂区中保留的工业管道（二）

图 4-123 厂区中保留的旧工业设备

图 4-124 保留的旧机车和铁轨

图 4-125 保留的旧机车和铁轨

图 4-126 保留的大烟囱

图 4-127 保留的工业构筑物

图 4-128 保留的旧塔吊

图 4-129 厂区中保留的旧工业设备

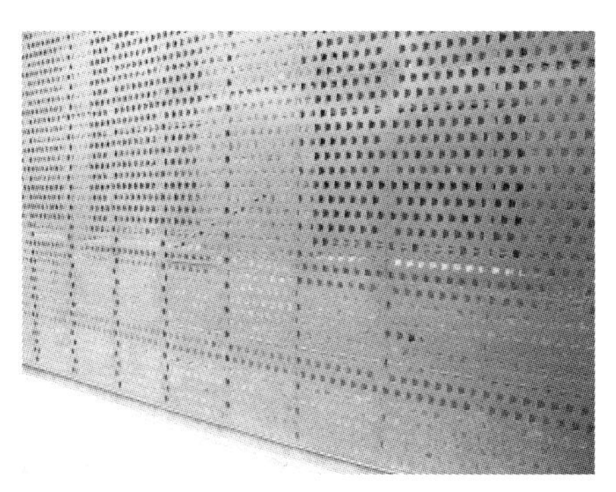

图 4-131 采用穿孔金属板作为旧建筑的新表皮

（3）色彩艺术化加工。艺术家在一些废弃工业设备、机器、工业管道、烟囱等表面涂刷鲜艳色彩营构艺术化景观。

4.8.2.3 生态学理论与技术的借鉴应用

一方面，原厂区中的绿化植被大部分得到了保护（图 4-142、图 4-143）。另一方面，充分利用了场地中废弃的材料营建景观设施和小品。例如，利用废弃的钢板制作园区的标志牌、门牌等（图 4-144、图 4-145）。

图 4-132 采用金属格架作为旧建筑的新表皮

图 4-130 采用落水管作为旧建筑的新表皮

图 4-133 园区中的雕塑（一）

图 4-134　园区中的雕塑（二）

图 4-136　用红砖制成的熨斗雕塑

图 4-135　园区中的雕塑（三）

图 4-137　园区核心广场的群塑

图 4-138 用青砖制成的汽车雕塑

图 4-139　园区中的涂鸦墙（一）

图 4-140　园区中的涂鸦墙（二）

图 4-141　园区中的涂鸦墙（三）

图 4-143　园区中保留的绿化植被（二）

图 4-142　园区中保留的绿化植被（一）

图 4-144　利用废弃钢板制作的标志牌

图 4-145　利用废弃钢板制作的门牌

4.9 唐山南湖公园

4.9.1 项目概况[31]

唐山南湖公园位于唐山市中心城区以南 670m，总占地面积约为 14km^2，其中，7.01km^2 为湖面。公园用地原为历经百余年的地下井工采煤形成的采煤沉陷区，场地平均高度低于市区地面约 20m，改造前的南部采煤沉陷区已演变为各种城市工业和生活废弃物的排放、堆积区，周围环境污染严重，破坏了城市的生态环境和城市容貌，严重影响了周边城乡居民的日常生活，成为典型的城市工业废弃地（图 4-146、图 4-147）。1989 年，当地政府开始着手对南部采煤沉陷区进行生态恢复；1996 年，有关部分组织开展针对南部采煤沉陷区大规模的环境改造，治理污染，栽植绿化植被，逐步开始建设南湖公园项目，并取得了显著成效；南湖公园项目因其对城市生态环境的巨大贡献获得了 2002 年“中国人居环境范例奖”和 2004 年“迪拜国际改善居住环境最佳范例奖”，并

图 4-146　采煤沉陷区成为垃圾排放场

图 4-147 采煤沉陷区形成的次生湿地

由此开始得到国内外广泛关注。

在环境改善带来积极影响的基础上，唐山市政府积极推动南湖公园周边地区（包括工业、商业、交通、仓储用地及其设施）城市用地和城市空间的更新改造。基于前期开展的大量调查、分析和评价工作，唐山市规划局于 2004 年组织了规划范围为 $28km^2$ 的“唐山市南湖地区城市设计国际咨询竞赛”，最终评选出彼得·拉茨（Peter Latz）的设计方案为中标实施方案。2008 年，在加速资源型城市转型的契机下，唐山南湖公园的建设从最初的组织义务植树，到加大资金投入，采取环境污染治理、生态恢复与重建、景观优化改造、交通网络营构与基础设施建设等一系列治理措施，经过多年的努力在采煤沉陷区上建成了生态效益显著、景色宜人的“唐山南湖中央生态公园”。2009 年 5 月，南湖公园正式面向社会开放。

4.9.2 后工业景观设计方法

1. 规划设计理念

唐山南湖公园由德国著名后工业景观设计大师彼得·拉茨（Peter Latz）完成规划设计。该方案的主要规划理念包括：

（1）进一步加大污染治理和生态重建的力度和范围。

（2）利用沉陷区的土地资源和地域文化景观，建设地震遗址公园、雕塑公园和基于典型工业景观保护与更新的历史文化中心。

（3）根据用地的地质状况，结合城市开放空间体系的整合构建城市绿色空间网络。

2. 空间布局结构整合

（1）园区规划主要分为 7 大区：休闲娱乐区、物流区、主题公园示范区、体育休闲区、大南湖综合功能区、生态恢复区（无人区）和农田，见图 4-148。

（2）休闲娱乐区：集中位于地段东、北部，经过对现状地块上的居住区逐步改造，最终形成公共绿地区域。此地段将为中心城区提供独具魅力的绿色休闲背景环境，并作为从喧闹的城区到相对安静的城市湿地公园的良好过渡空间。

（3）物流区：分置于地段东北部地块内。基于现有用地属性及地质情况，结合城市物流业的发展需求，在

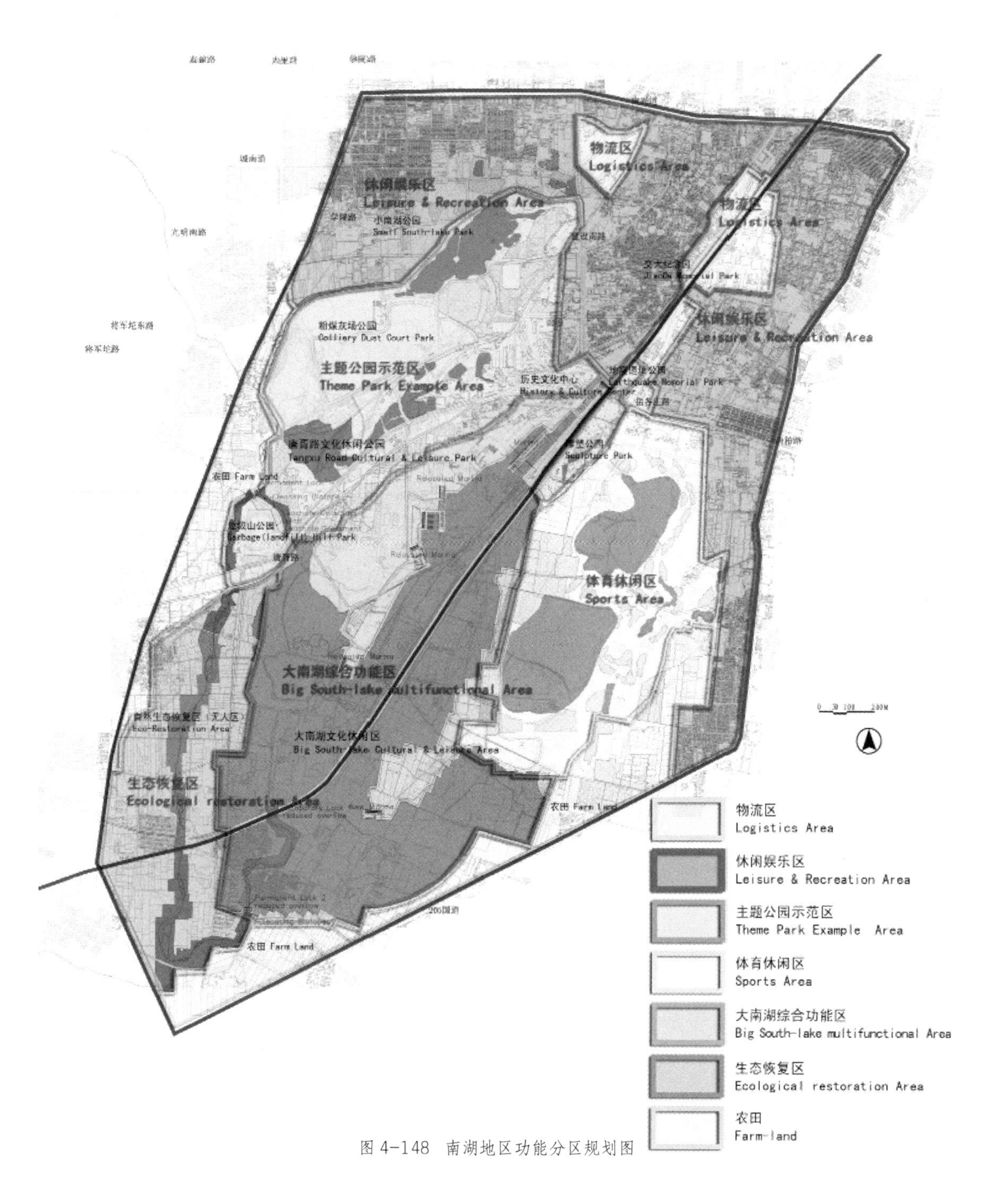

图 4-148 南湖地区功能分区规划图

保护生态环境的前提下，合理规划物流区，使其本身在依托良好的景观、生态背景发展的同时，能够带动周边地区的良性发展。

（4）主题公园示范区：充分利用地段资源布置不同类型的主题公园，包括：经过科学治理后将成为整个南湖地区最高控制点的垃圾山公园；合理改造后将具有独特景观的粉煤灰场公园；路中隐藏着诸多精致小花园的唐胥路文化休闲公园；位于整个区域“人”字形空间骨架中心处，具有核心作用的历史文化中心；唐山唯一的地震遗址公园以及反映城市当代艺术生活的雕塑公园。这些主题公园集中分布于地段西北部，共同形成南湖地区一个强大的文化核心区域，延续城市文脉，强化地方特色，具有很强的辐射力量，将带动整个地区的文化发展。

（5）体育休闲区：由高尔夫球场及其南部的原野区域组成。为城市居民提供在宽阔美丽的自然空间环境中进行体育休闲活动的场所。

（6）大南湖综合功能区：经过多年的垃圾处理、植物绿化、生境恢复和基础设施建设，大南湖综合功能区将成为南湖地区最活跃的功能版块，成为结合休闲、旅游、科普、环境保护等功能为一体的综合功能区。

（7）生态恢复区（无人区）：主要指改道后的青龙河流域，通过减少人为干扰，使该区域得到自然生态的恢复，并逐渐形成稳定的生态系统，从而保证青龙河水质的净化，进而使大南湖的水质得到保障。

农田：在公园大景观的框架下，保留现有农田与农业。

3. 保护与延续工业文化

唐山是中国近代工业的主要发源地之一，拥有上百年的城市工业发展演化历史，是我国能源、原材料重要生产基地。在南湖采煤塌陷区域范围内，遗存了很多废弃的煤矿、工业厂区以及工业生产形成的地表痕迹等，工业遗存具有鲜明的地域工业特色。在工业发展的重大历史事件方面，1976 年 7 月 28 日，唐山发生了里氏 7.8 级强震，80% 的工业生产建筑倒塌或遭到严重破坏，一些震后的工业建筑仍保留在原地，成为唐山特有的地质灾变影响下的工业景观。这些独特的工业文化景观在南湖公园的规划建设中得到了保护和再生，并建设了地震遗址公园和纪念碑。见图 4-149－图 4-152。

4. 生态学理论与技术的借鉴应用

南湖公园的场地存在着一系列的环境生态问题，如垃圾山、粉煤灰、软弱地基、水土流失等，于是从生态恢复

图 4-149 保存下来的唐山大地震遗迹

图 4-151　唐山地震遗址公园

图 4-150　公园中保存下来的矿井井架

图 4-152　唐山大地震纪念碑

与重建的角度应用了低干扰、低成本、低能耗的技术措施。

（1）凤凰台——治理之前是堆放生活垃圾的巨型垃圾山，占地 43 亩（1 亩 =666.6m^2），最高处达 38m、体积 800 多 m^3。修复的办法是用 1m 厚的优质原土覆盖表面，上面种植草坪和各种浅根花木。

（2）生态水面——采煤塌陷坑经过清淤处理后变成了 11.5km^2 的生态水面，这个人工湿地系统可以处理来自西郊污水处理厂的再生水，这些再生水作为湿地的主要补水水源。

（3）绿色植被——尽可能选用乡土树种。南湖公园保留了场地内的原生植物，其中人工湿地里的挺水植物、浮水植物和沉水植物达到 20 余科 40 余种。

（4）野生动物——目前栖息在南湖的野生鸟类有野鸭、灰鹤、白鹭等 100 多种，各种鱼类达 30 余种，形成了良好的生态系统。

（5）微气候——南湖中央生态公园建成后，唐山市的极端最低气温升高了 3℃ ~4℃，极端最高温度降低了 3℃ ~4℃；降低了风速；增加了空气相对湿度。

（6）建筑材料——公园的塌陷坑是以粉煤灰为主的城市工业废料的填埋场，于是公园内场地地基的基础材料采用粉煤灰生产出的粉煤灰砖、粉煤灰水泥、粉煤灰加气混凝土，利用它们堆叠公园内的地形，然后部分覆土后作为种植用地，部分经过地基处理后建成园区道路和硬质广场等。

（7）湖岸——利用公园内废弃的

植物枝干编织成枝丫床，置于湖岸，用于湖岸的固土、抗冲刷。由于枝丫床富于柔韧性，能够随着地形的变动而变化，可以长久地固定在河床上；并且用天然材料编织的枝丫床是对环境无污染的，它的多孔构造更是小型水生生物理想的栖息地。

南湖公园园区的生态景观见图 4-153－图 4-157。

图 4-153　利用采煤沉陷区形成的次生湿地构建的公园水体

图 4-154　公园水体和步道系统

图 4-155　南湖公园水系景观

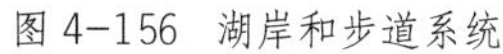

图 4-156　湖岸和步道系统

图 4-157　湿地景观

4.10 中山岐江公园

4.10.1 项目概况

中山歧江公园位于广东省中山市，场地的原址为粤中造船厂。公园总用地面积约为 $11hm^2$，其中水面面积 $3.6hm^2$。粤中造船厂于 1953 年创建，1999 年停产关闭。1999 年 6 月开始在造船厂场地上建设歧江公园；2001 年 5 月建成。将废弃的厂区改造成景观公园的规划设计由北京大学景观规划设计中心主任俞孔坚博士主持完成。设计者基于对场地环境、自然生态、工业文化等各种因素的分析解读，从保护与延续工业文化、工业设施再利用、艺术加工与再创造、生态保护与生态重建等多维视角，组织、构建公园的整体景观系统，创造了国内利用工业废弃地营构景观公园的成功案例。该项目因此获得了 2002 年美国景观设计师协会颁发的年度全球景观设计的荣誉大奖（2002 Honor Award, ASLA）以及 2004 年中国建筑艺术奖的城市环境艺术优秀奖。

4.10.2 后工业景观设计方法

1. 空间布局结构整合

中山岐江公园分为湖面区、南区和北区。北区空间敞阔、疏朗、开放；南区空间紧凑、细致而私密。公园功能区由大门区、3 个综合服务区和 4 个休闲活动区组成。沿公园周边形成环形道路；北区运用黑白相间的直线非正交网格的步行道系统将 2 个休闲活动区、2 个综合服务区与公园主入口连接起来；南区则采用了蜿蜒曲折的自由曲线形道路网结构。公园总体布局与整体形象见图 4-158－图 4-161。

图 4-158　广东中山岐江公园城市区位卫星图

图 4-160　岐江公园鸟瞰图

图 4-161　岐江公园全景

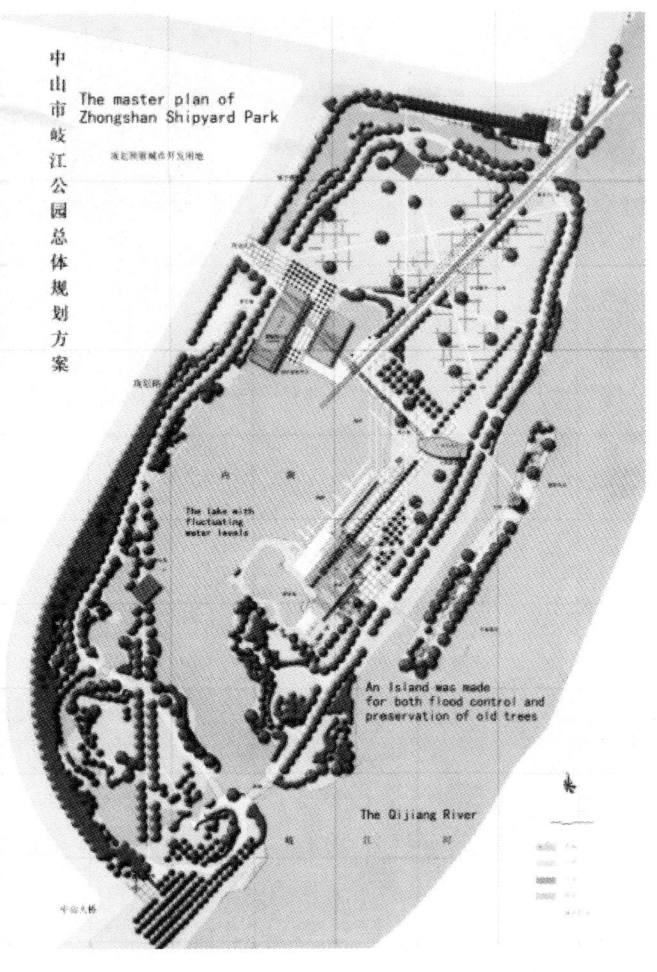

图 4-159　岐江公园总平面图

2. 保护与延续工业文化

（1）旧工业设施保护与再生。原厂区中 2 个不同时代的船坞、厂房、2 个水塔、红砖烟囱、龙门吊塔（图 4-162）、铁轨（图 4-163）、机器设备以及厂房墙壁上特定历史时期的语录等都作为工业历史遗迹得到了全面保护或再生。部分设施在保护基础上进行了艺术加工与再创造，通过新旧对比和工业与艺术融合来提升景观环境的多义性和丰富度。

图 4-162　公园中保留的龙门吊

图 4-163　公园中保留的一段铁轨

图 4-164　原船厂车间用地新建为中山美术馆

（2）工业建筑造型语言的应用。在原船厂车间用地上新建了建筑面积为 2 500m^2 的中山美术馆。新建建筑形式设计采用了柠檬黄色的外墙水泥立柱、铁青色的工字钢钢屋架屋顶、柱间大幅的落地玻璃窗等形式语言，与公园的后工业风格相得益彰，融为一体，见图 4-164。

（3）结构内涵再生。公园北区的道路和景观体系采用了直线形交错网格，隐喻大工业生产的高效、快捷、经济、复杂多元等特质，与场地固有的场所属性相契合，见图 4-165、图 4-166。

图 4-165 公园北区直线形交错步行道系统

图 4-166 公园北区直线形交错步行道系统

3. 艺术加工与再创造

（1）旧工业设施的艺术化加工与再生。岐江公园内的“琥珀水塔”和“骨骼水塔”原为有 50-60 年历史的旧水塔，经过艺术化处理，形成了公园中的标志性景观。“琥珀水塔”在旧水塔外罩上一个金属框架的玻璃外壳，白天顶部的发光体利用太阳能抽取地下冷风，空气的流动不仅降低玻璃盒内的温度，还带动了时钟运转，夜晚则会发光。“骨骼水塔”原来的设计思路是剥去外围护结构，裸露出内部的钢结构，以展现结构美；但出于结构安全的考虑，最终采用钢结构按原大小重新制作而成。两座水塔一实一虚，通过强烈对比诠释现代工业文明，交相辉映的两座灯光水塔成为岐江夜行的导航塔，见图 4-167、图 4-168。

（2）艺术化色彩处理。公园里两个大型钢架船坞，经过重新修整后被分别涂上红、蓝、白色涂料，改造为游船码头和服务设施，见图 4-169、图 4-170。废弃的机器设备经艺术化的色彩处理后，成为颜色鲜明、独具特色的工业雕塑（图 4-171、图 4-172）。由于公园的前身是造船厂，所以园中特意保留了一条“粤中号”小轮船，作为永久的记忆，见图 4-173。

图 4-167　琥珀水塔和骨骼水塔

图 4-168 骨骼水塔局部

图 4-169 保留的原船厂船坞钢架涂刷红漆

图 4-170 保留的原船厂船坞钢架涂刷蓝漆

图 4-171 经过艺术化处理的废旧机器成为景观小品

图 4-172 经过艺术化处理的废旧机器成为景观小品

图 4-173 保留的“粤中号”轮船经艺术化处理

（3）艺术化装饰。在保留下来的烟囱和龙门吊的场景中，在其外围加建了一圈新的钢管“脚手架”，脚手架上和其下方模拟当时的劳动情形，分别安放了工人雕塑。见图 4-174。

图 4-174 劳动情境下的写实工人雕塑

4. 生态学理论与技术的借鉴应用

（1）尽可能充分利用场地上废弃物营造景观。例如，利用生锈的铸铁板成为重要的设计元素，与花岗岩结合成为独特的地面铺装。再如，用涂刷成红色的旧钢板围合成名为“红色记忆”的盒子式的艺术作品作为静思空间，盒子内有一水池，一个入口和两个出口，一条出口指向琥珀水塔，另一个指向骨骼水塔。盒子外配植了当地的草野、木棉树，图 4-175－图 4-176。

图 4-175 用生锈的铸铁板铺装的地面

图 4-176 钢板围合的“红色记忆”空间

（2）设计者对公园中原有的水体、植物群落、驳岸等自然要素进行了全面的保护。

生态栈桥、亲水湖岸：湖面与岐江相连，水位受海潮影响变化很大，日高差达1.1m。为保护湖岸，减少因水位变化而影响景观，临水修建了亲水型的高低错落的方格网状步行栈桥，人可以在架空的栈桥上自由行走，栈桥下是不同高度的水生和湿生梯田式种植台，种植了本地高挺的水生植物，利用不同水生植物的水生、沼生、湿生和中生的生长特性，配置成一个能在不同水位下遮护湖岸的生态群落。

生态岛：为了满足防洪要求，需要将湖岸拓宽20m，达到80m，为保留20棵已有几百年树龄的古树不被砍伐，设计师设计开挖了一条内河，古榕树与水塔所在地形成了一座漂移又相依于陆地的“生态岛”，这样既满足了防洪要求、保住了自然生态，又形成一个独特景观。

采用地域乡土植物：公园植被保留了粤中船厂周围的一些原有自然植被，并增加了大量郊外山上的野生的乡土植物，尽量不使用人工园艺。设计者用野草来传达新时代的价值观和审美观，并以此唤起人们尊重自然，重视生态环境的理念。

公园生态景观见图4-177－图4-178。

图4-177　公园保留的原自然植被

图4-178　公园湖边的栈桥间的乡土野生植物

4.11 沈阳铁西重型文化广场

4.11.1 项目概况

沈阳铁西重型文化广场位于沈阳市铁西区原沈阳重型机械厂厂区内，广场占地面积约为3万m^2，是沈阳铁西工业文化长廊的重要组成部分。广场位于铁西区北一路与北二路之间兴华北街的东西两侧，南临沈阳机床一厂，东到劝工街，西到景星街。广场区位见图4-179。

沈阳铁西区的近现代工业肇始于1905年，而沈阳重型机械厂建厂史可以追溯到1937年原满州住友金属工业株式会社奉天工厂。该厂发展至今，创造全国第一和填

图 4-179　沈阳铁西重型文化广场区位示意图

补国内空白 200 多项，例如，炼成了新中国第一炉钢水、制造出我国第一台锻锤、第一台鄂式破碎机、第一台初轧机、第一台火车车轮和轮箍轧机、第一台自由锻造水压机、第一台冲压液压机、第一台万吨挤压机（使我国成为当时世界上第三个拥有万吨级挤压机的国家），等等。可以说，沈阳重型机械厂的历史就是一部中国重型工业的起步与发展史，是沈阳人心中的骄傲。该厂 2006 年底与矿山机械厂合并组成“北方重工集团”。伴随着城市化发展和城市产业空间结构的调整，该厂于 2009 年搬迁到沈阳经济技术开发区，原厂址被规划建成为集城市绿地、休闲娱乐、抗灾避险、文化创意等综合功能于一体的市民广场——沈阳铁西重型文化广场。2010 年 11 月，铁西重型文化广场开始建设，采用了鲁迅美术学院的艺术创意和东北建筑设计院的结构设计，由北方重工集团进行大型雕塑制造，远大集团进行老厂房的玻璃幕墙施工。由于广场既高度浓缩了沈阳老工业基地奋进的非凡历程，又满足了市民活动和体验的需要，受到广泛关注和赞誉。

4.11.2 后工业景观设计方法

1. 空间布局结构整合

重型文化广场保留了部分原沈阳重型机械厂二金工车间厂房建筑，其北侧为原炼钢铸造大型钢件的十二车间，再向北直到北一路边缘是原厂五座煤气发生炉；二金工车间东侧是原厂职工食堂、职工医院和单身职工宿舍，上述建筑场地原址整合起来即为整个重型文化广场用地。

广场地上部分以大型工业主题雕塑“持钎人”为核心，由主广场区、健身区、休闲娱乐区、工业文化区、生态停车区五部分组成；地下部分为可容纳 300 辆机动车的地下两层停车场。

图 4-180　沈阳铁西重型文化广场中的“铁西 1905 创意文化园”

2. 保护与延续工业文化

沈阳铁西工业区遗留下来的具有较高历史文化价值的旧工业设施，代表了我国的工业化进程，是曾经工业辉煌的见证，应尽可能保存这些具有铁西特质的工业遗存，使沈阳铁西区的工业历史文脉得以延续。

在沈阳铁西重型文化广场的设计中，原沈阳重型机械厂始建于 1937 年的二金工车间（最初为日本住友株式会社的机加车间）在建筑风格、主体结构框架、部分机器设备得到保护的前提下，更新利用为“铁西 1905 创意文化园”（图 4-180－图 4-183），并根据创意文化产业中心使用功能的需要，对内部空间进行了重新分隔。此外，很多工厂废弃的生产设备、部件等也得到了保护和再利用。例如，保留下来的完整的机床、原铸钢车间

图 4-181　“铁西 1905 创意文化园”局部（一）

图 4-182“铁西 1905 创意文化园”局部（二）

图 4-183“铁西 1905 创意文化园”局部

图 4-184 保留下来的一个完整的机床

图 4-186 原铸钢车间焖火窑的几节链轨

图 4-185 原铸钢车间的电平车轴

图 4-187 原减速机车间齿轮

的电平车轴、原铸钢车间焖火窑的几节链轨、原减速机车间齿轮、工厂搬迁前浇铸的“铁西”大字等。见图 4-184－图 4-189。

图 4-188 工厂搬迁前浇铸的“铁西”大字（创意文化园墙壁上）

2009年5月18日，北方重工搬迁停产前，最后一炉铁水浇筑的“铁西”两字，每字重3吨，留做永久纪念。

图 4-189 大字的说明牌

图 4-190 “持钎人”主题雕塑

3. 艺术加工与再创造

（1）采用艺术化装饰的手法丰富景观环境。例如，在位于广场核心的位置塑造了“持钎人”主题雕塑。雕塑选取了沈阳工业文明中最具象征意义的典型形象，用抽象写意的手法再现了两名持钎的炼钢工人在形似铁水包的舒卷着的红旗下辛勤劳动的场景，雕塑前面的地上镶嵌着用铸钢浇铸成的三块带有铭文的钢模板。在电机的操控下，“持钎人”的手臂会缓缓移动，是迄今为止全国最大的动态工业类雕塑。主题雕塑高 26m，占地面积约 785m^2，总重量 400t。该雕塑目前已经成为铁西区的标志性景观之一（图 4-190）。除“持钎人”主题雕塑外，一期工程设置了“晨曲·暮歌”“TX- 铁西标题”“铿锵名录”“雪花”“孵化”“工业乐章 - 印刷变奏曲”“工业魔方”“机床 1970”等 8 个风格迥异、特色鲜明的主题雕塑。见图 4-191- 图 4-193。

（2）旧工业设施的艺术化加工。部分工厂的废弃物

图 4-191　沈阳铁西重型文化广场标志

图 4-192　主题雕塑“孵化”

图 4-193 主题雕塑“机床 1972”

品经创意改造被赋予了新的意义。例如，旧设备部件、输气管等更新成座椅，三通管改造为果皮箱，齿轮上加长条木板构成了跷跷板，平板车、炼钢车间的钢包制成了别致的花盆，等等。见图 4-194－图 4-199。

（3）色彩艺术化加工。一些旧工业设施表面涂刷了鲜艳的色彩，旧设施变成了新景观元素，见图 4-198、图 4-200。

图 4-194 旧设备部件改造成座椅

图 4-196　用原来的输气管改成的铁椅

图 4-195　三通管改造为果皮箱

图 4-197　旧机器零件改装的翘翘板

图 4-198　平板车表面涂刷鲜艳黄色作为花坛

4. 生态学理论与技术的借鉴应用

厂区中历经多年工业生产的土地受到了严重污染，以重金属土壤污染为主。例如，位于地块北侧、占地面积约 800m^2 的企业焦油池场地。污染治理的方法是将经检测过的被污染地块的土壤全部清挖，运出场地并安全处理，再对该地块用新土进行回填，最后实施硬覆盖。在部分地块内栽种绿化植被。

图 4-199 原炼钢车间 8 号钢包作为花坛

图 4-200 “铁西 1905 创意文化园”内的吊车、钢梯等表面涂刷鲜艳的黄色

5 后工业景观案例实证研究——杭州协联热电厂后工业园区规划与生态化更新方案设计竞赛

5.1 项目背景概况

杭州协联热电厂位于杭州市拱墅区北大桥化工区，原厂区的总用地面积约为 22hm²。1980 年，杭州协联热电厂作为国家十大联片供热工程项目之一建设完成，是浙江省最早的集中供热、热电联产企业。1984 年 10 月 1 日第一台发电机组并网发电投入试运行，1997 年 10 月 1 日所有机组投入运行。杭州主城区集中供热分为蒸汽网供热和热水网供热两个部分，热源点均为杭州协联热电厂。2008 年 6 月 29 日，城市产业空间布局调整致使杭州协联热电厂停止生产，随后搬迁。工业企业停产搬迁后，原工业用地转化为工业废弃地，该地块成为杭州市主城区功能更新的主要地区之一，也是杭州城市北部发展的一个重要节点。

作为杭州市工业发展历程中具有重要标志意义的工业厂区，城市规划行政主管部门提出应对厂区中遗留的具有工业遗产价值的旧工业设施加以保护和适应性更新利用。在此背景下，笔者指导学生开展了针对场地环境和设施的调研分析工作，并完成了杭州协联热电厂后工业园区规划与生态化更新方案设计。该方案设计获由青年科技创新竞赛组委会和中国 21 世纪议程管理中心主办的 2010 年青年科技创新竞赛创意类最佳奖。

方案设计：浙江工业大学建筑系 2005 级学生王永、杨伟东、闻伟国、袁凯丽。

设计指导：刘抚英。

5.2 环境调研分析

拟保护的杭州协联热电厂范围为南北长约 1000m、东西宽约 220m 的矩形平面。见图 5-1。

场地内的旧工业设施由现状建筑物、构筑物、工业设备、工业管线和部分工业废弃物等组成。见图 5-2。

构筑物：主要有龙门吊、烟囱、运煤栈道、沉灰池。烟囱和龙门吊质量较好，烟囱高达 150m，具有很强的标志性，应予以保留（图 5-3）；运煤栈道具有热电厂象征意义，现结构体系不能满足人行通廊的要求，如需再利用，应采取加固措施；按照规划要求，沉灰池地块拆除。

建筑物：包括干煤棚、电子除尘

图 5-1 杭州协联热电厂区位即用地范围示意图

图 5-2 杭州协联热电厂工业遗存调研分析图

图 5-3　杭州协联热电厂大烟囱

图 5-4　杭州协联热电厂煤棚

器、电子束楼、氨站等。煤棚较为破旧，但作为大空间的工业建筑，具有较好的象征意义，若要更新利用，需要采取结构加固措施（图 5-4）。电子除尘器、电子束楼、氨站等建筑质量较好，可以通过内部空间分隔和外立面修缮后，进行更新利用。

工业设备、管道：包括冷却塔和工业管道等，应保留部分具有历史价值的设备和管线。

5.3 设计目标

（1）顺应城市规划布局整体结构，密切结合片区发展规划。

（2）保护场地内有价值的工业遗产（遗存），延续工业历史文化，营构场所记忆和空间归属感。

（3）对保护的部分工业遗产进行适应性更新利用，通过合理的功能策划和空间改造使老厂房散发新活力。

（4）在园区规划、景观设计和旧建筑改造利用中应用生态学理念和技术。

5.4 总体布局

设计方案在总体布局上分为三大功能区：文化创意办公区、公园区、遗产展馆与旅游码头区。园区总体布局和全景鸟瞰见图 5-5- 图 5-7。

1. 文化创意办公区

文化创意办公区位于场地西部，利用旧工业建筑遗存改造形成，主要包括：艺术家园地、建筑师沙龙中心、工艺品展示与销售和餐饮中心。其中，建筑师沙龙中心和餐饮中心临河布置。

2. 公园区

公园区位于场地中部，是杭州协联热电厂工业遗产（遗存）相对集中的区块，龙门吊、烟囱、运煤栈道、冷却塔、管道等建、构筑物和设备等都在该区内。基于对这些工业设施的保护和更新利用，公园区设计包括了以下几部分。

（1）冷凝公园：由 13 个冷却塔组成阵列，冷却塔阵列的底部为水系和网格错落的步道系统。见图 5-8。

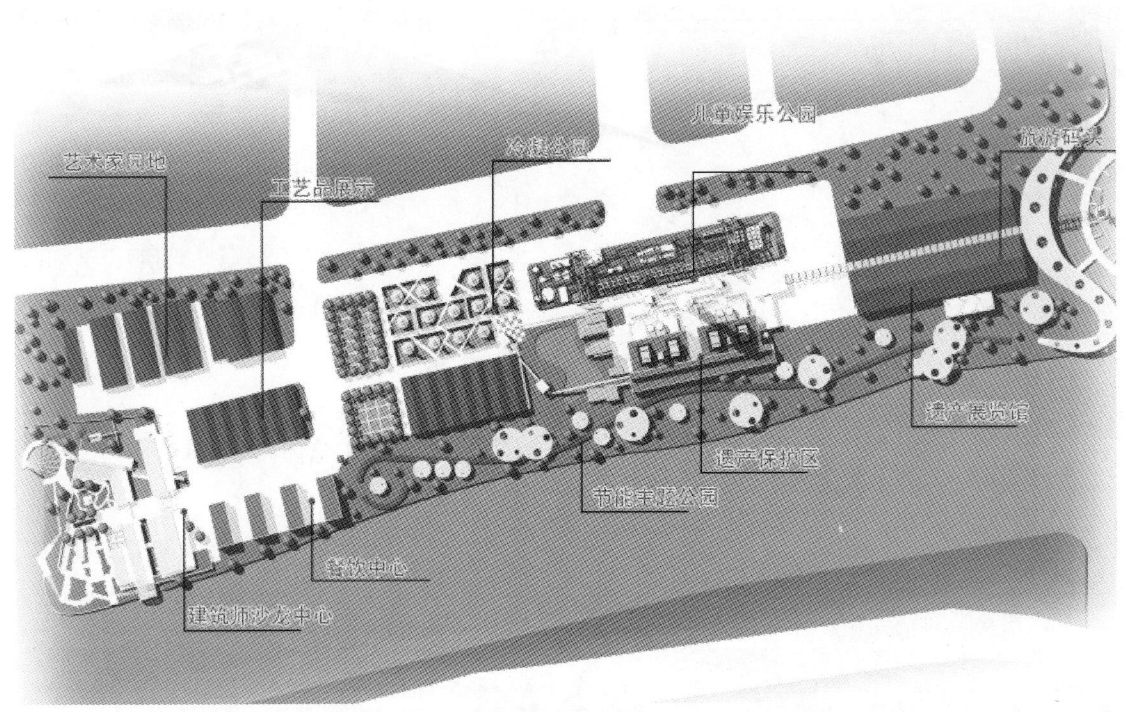

图 5-5　杭州协联热电厂总平面布局与功能分区图

图 5-6　杭州协联热电厂后工业园区规划设计鸟瞰图（一）

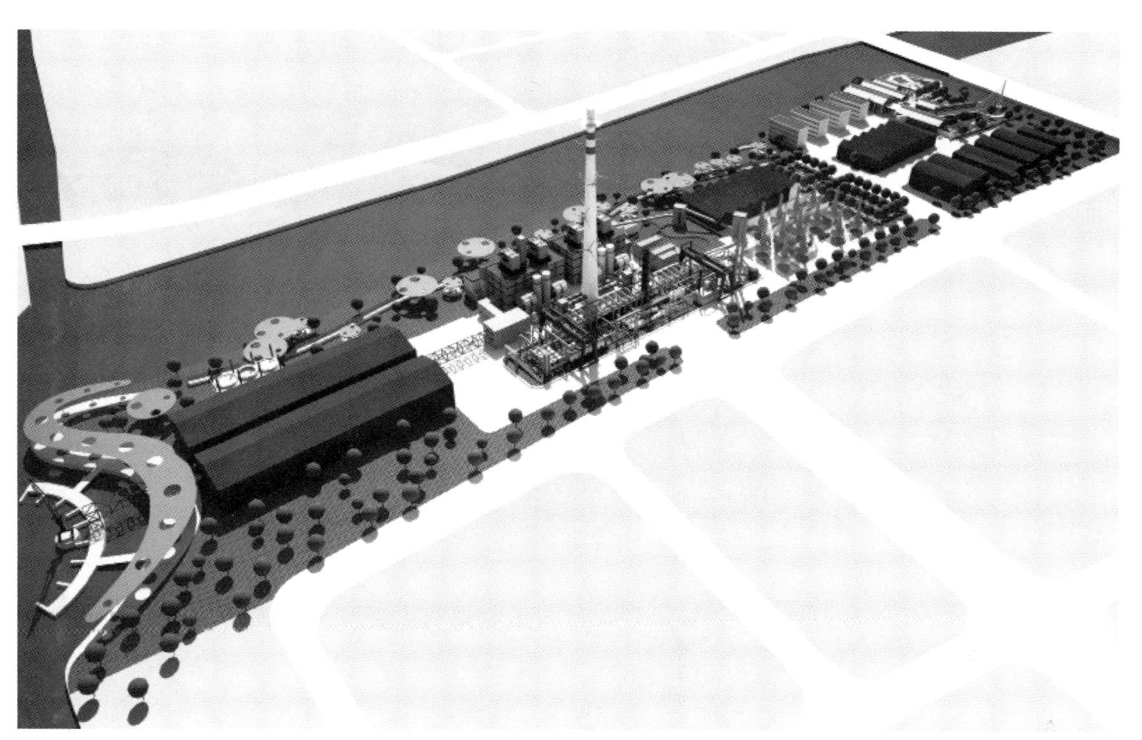

图 5-7 杭州协联热电厂后工业园区规划设计鸟瞰图（二）

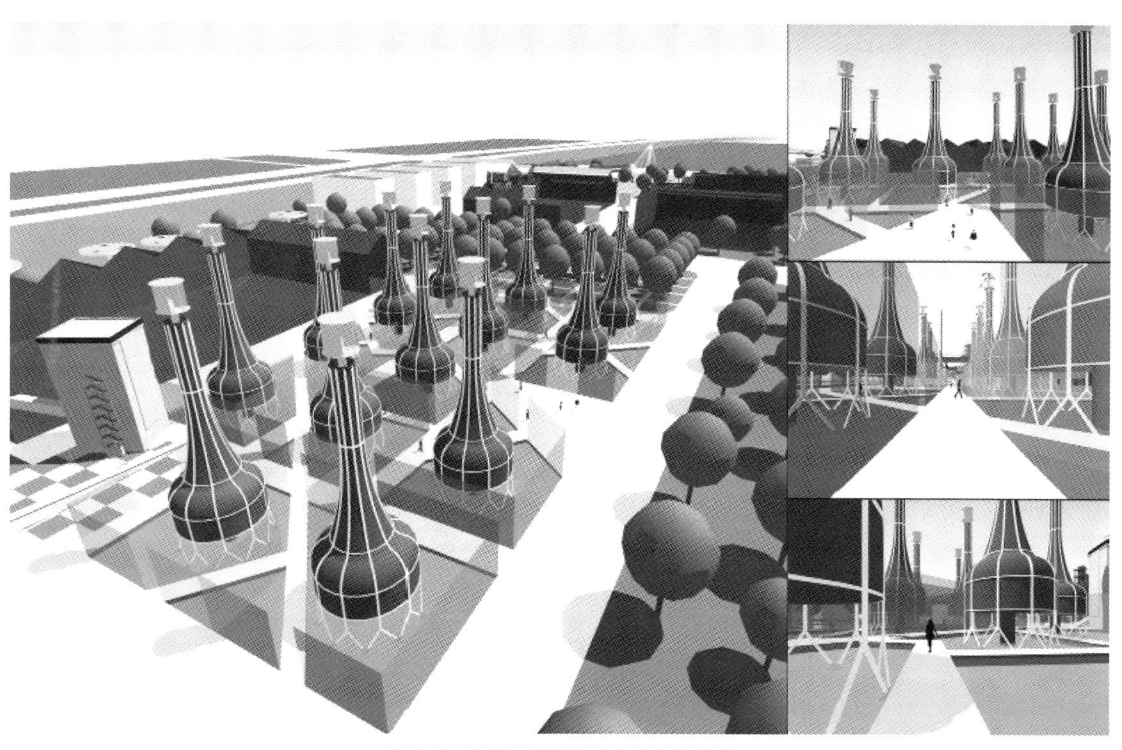

图 5-8 冷凝公园鸟瞰图和局部透视图

（2）儿童娱乐公园：方案提出保护厂区中遗留下来的集中设置的龙门吊和工业管道，在消除环境污染和进行结构加固的基础上，穿插一些颜色鲜艳的景观元素，将该区块构建为儿童游戏、探险的娱乐公园。见图 5-9。

（3）节能主题公园：节能主题公园由新构建的太阳能光电伞与绿化系统、步道系统构成。该区既营造了全新的休闲空间，又充分利用了太阳能可再生能源，还具有节能展示和宣传教育的作用。见图 5-10。

（4）遗产保护区：杭州协联热电厂主要的工业遗产，包括大烟囱、发电站主厂房、运煤栈道等都在该规划区块内。这部分工业设施以保护为主，用以展示该厂区的工业历史遗迹，适当通过生态化改造后，加以更新利用。其中，大烟囱主要作为园区的标志性景观，也考虑作为水平轴风力发电机的安装载体；主厂房作为工业遗产博物馆；运煤栈道作为游人体验的廊道。

3. 遗产展馆与旅游码头区

遗产展馆与旅游码头区位于园区的东部。遗产展馆由旧工业建筑改造而成；滨河码头区位于整个园区的东端，为新建设施，采用太阳能光伏电池板作为“候船廊”的棚顶。

公园规划设计的各个局部透视图见图 5-11。

5.5 旧工业建筑更新利用模式

在本设计中根据对场地遗留旧工业设施的调研，并基

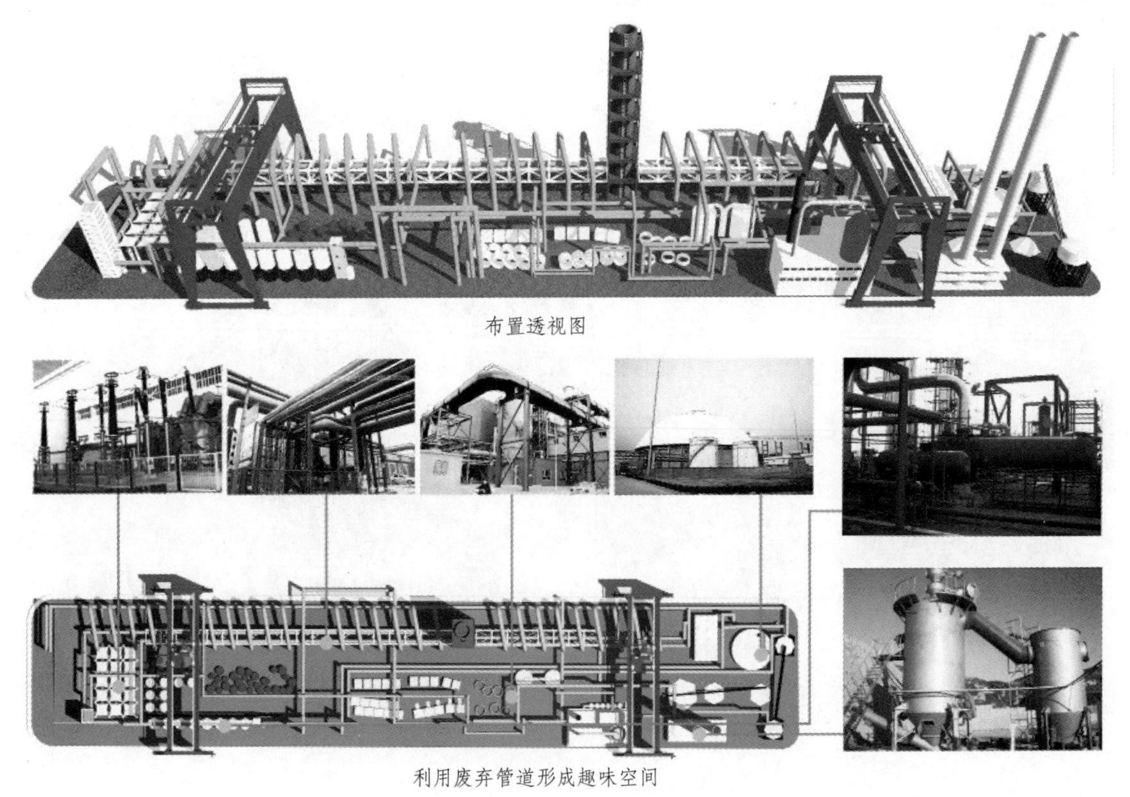

图 5-9　儿童娱乐公园

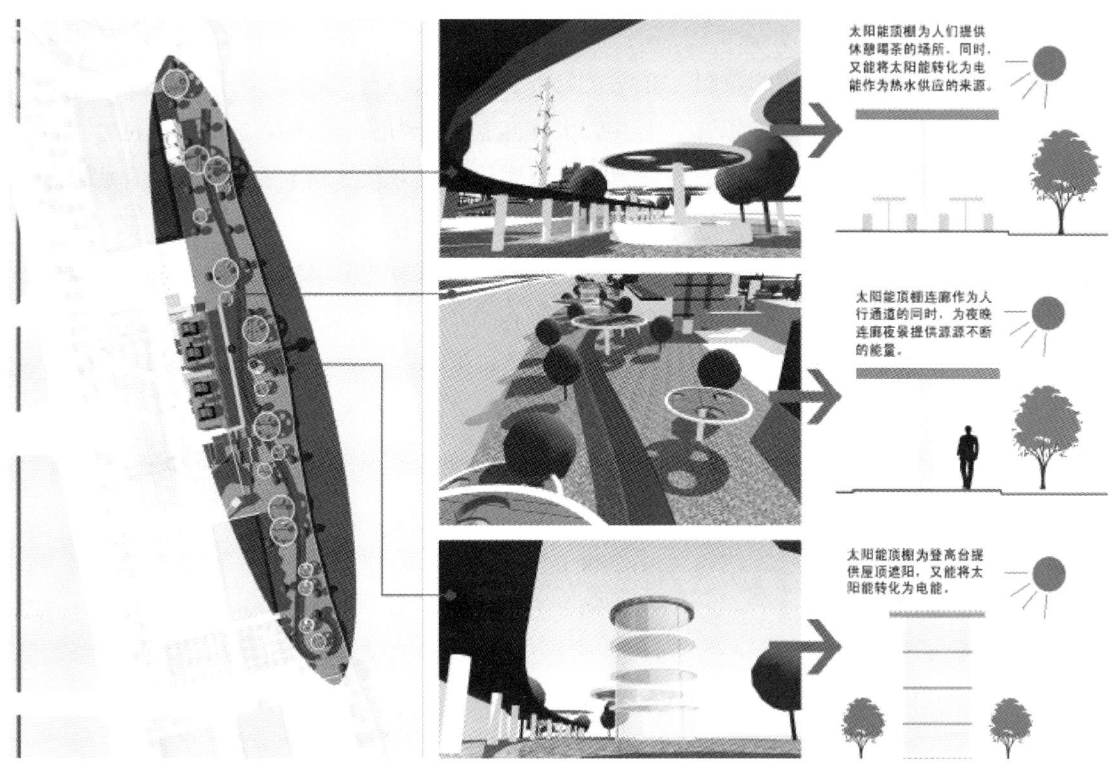

图 5-10　节能主题公园平面图、局部透视图和节能示意图

图 5-11　公园各主要局部透视图

于对原型的分析，有针对性地提出了旧工业建筑在几何形态构成、体块组构类型、建筑形体组织、节能技术意向等层面的更新利用模式，并具体应用于针对原型的改造实际应用中（图 5-12）。

5.6 生态学技术应用

该设计方案强调在后工业景观营构和旧工业设施保护与更新利用中，对成熟的生态、环保、绿色技术的创新性应用。具体体现在：

（1）治理环境污染。在本案中主要治理工业废弃地地表堆积的垃圾、受污染的土壤和水体。

（2）生态恢复与重建。在经过污染物清理和污染治理后的场地上种植乡土野生植被，重建场地生态系统。

（3）可再生能源利用。设计中充分利用场地中的太阳能和风能资源。例如，在大烟囱上设置水平轴风力发电机；在冷却塔顶部安装垂直轴风力发电机；利用部分建筑屋顶、景观外廊顶棚、景观小品顶棚设置太阳能光伏发电板；等等。图 5-13。

（4）旧工业建筑的生态化改造。在旧工业建筑更新利用中应用绿色建筑系统技术，诸如利用太阳能、风能等可再生能源技术，外围护结构保温隔热技术，自然通风技术，自然采光技术，外遮阳技术，生态水池与污水净化技术，雨水收集与再利用技术，等等。见图 5-14、图 5-15。

（5）废弃物再利用。设计方案提出，对场地中遗留下来对人体和环境没有毒害的废弃物进行再利用，改造成各种形式的小品，构成环境中的新景观元素。见图 5-16。

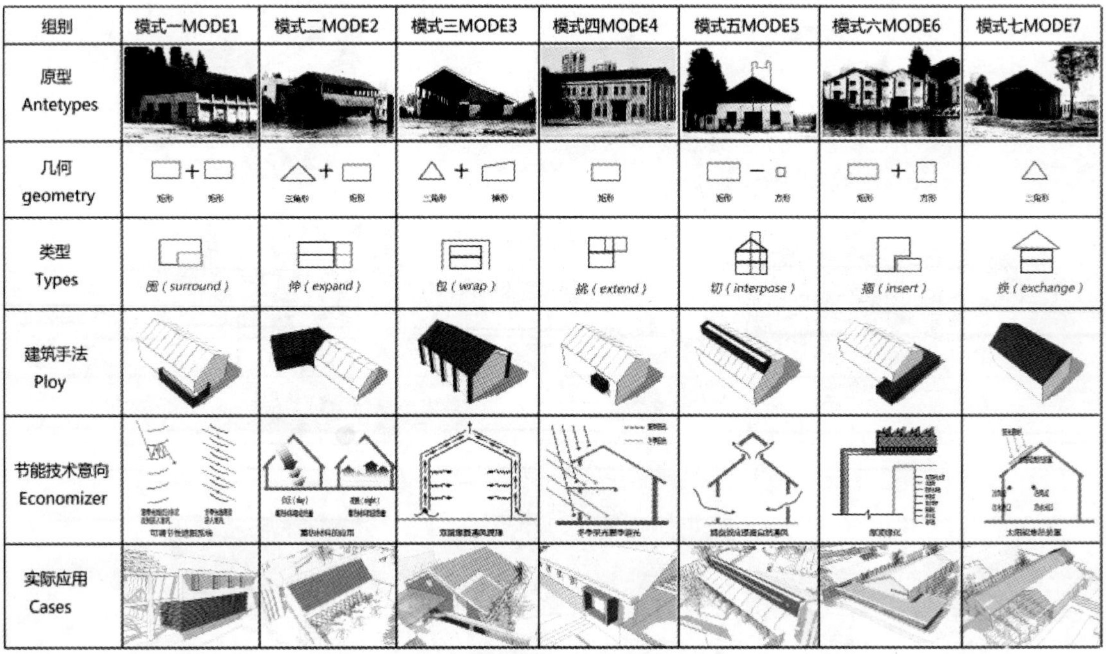

组别	模式一MODE1	模式二MODE2	模式三MODE3	模式四MODE4	模式五MODE5	模式六MODE6	模式七MODE7
原型 Antetypes							
几何 geometry	矩形 + 矩形	三角形 + 矩形	三角形 + 梯形	矩形	矩形 − 方形	矩形 + 方形	三角形
类型 Types	围（surround）	伸（expand）	包（wrap）	挑（extend）	切（interpose）	插（insert）	换（exchange）
建筑手法 Ploy							
节能技术意向 Economizer							
实际应用 Cases							

图 5-12 杭州协联热电厂工业遗存调研分析图

图 5-13　可再生能源利用示意图

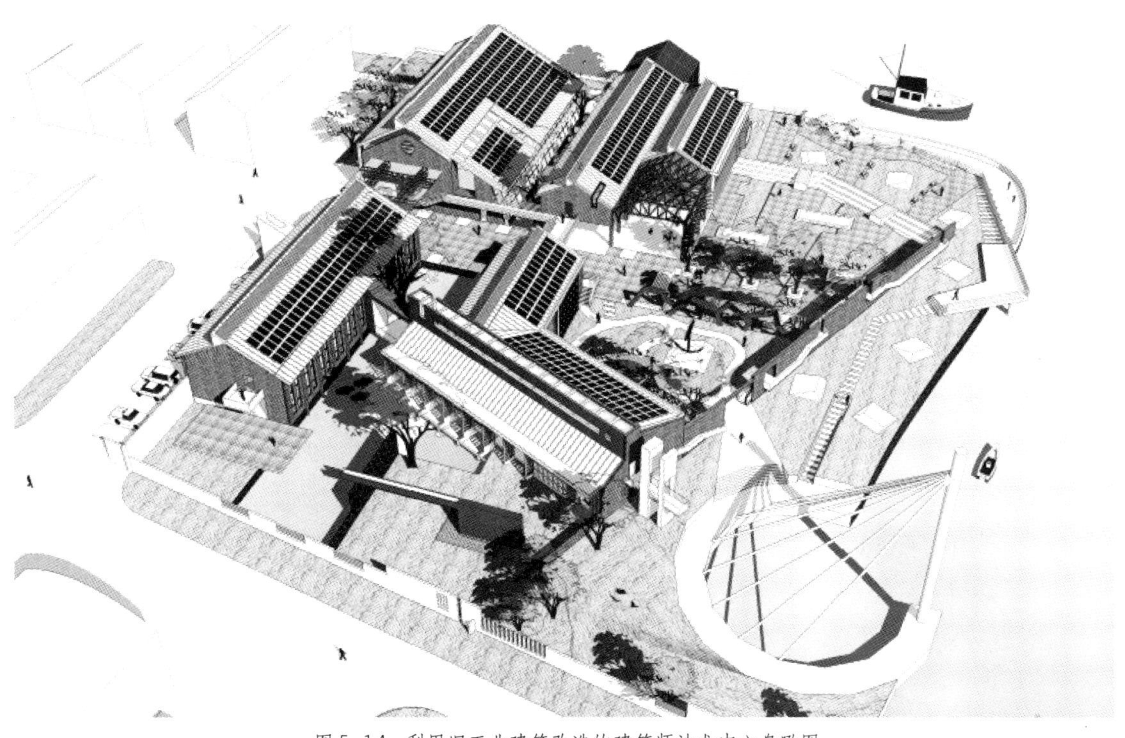

图 5-14　利用旧工业建筑改造的建筑师沙龙中心鸟瞰图

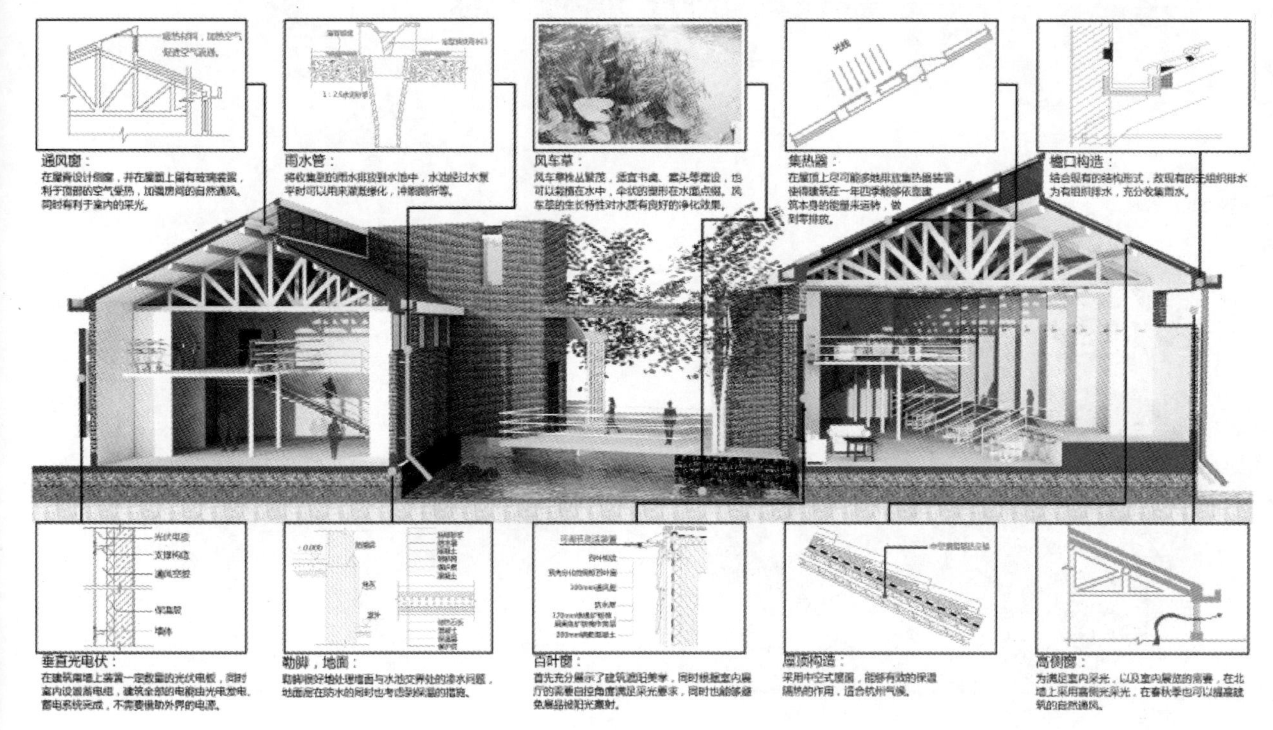

图 5-15　旧工业建筑改造中对绿色建筑技术的应用示意图

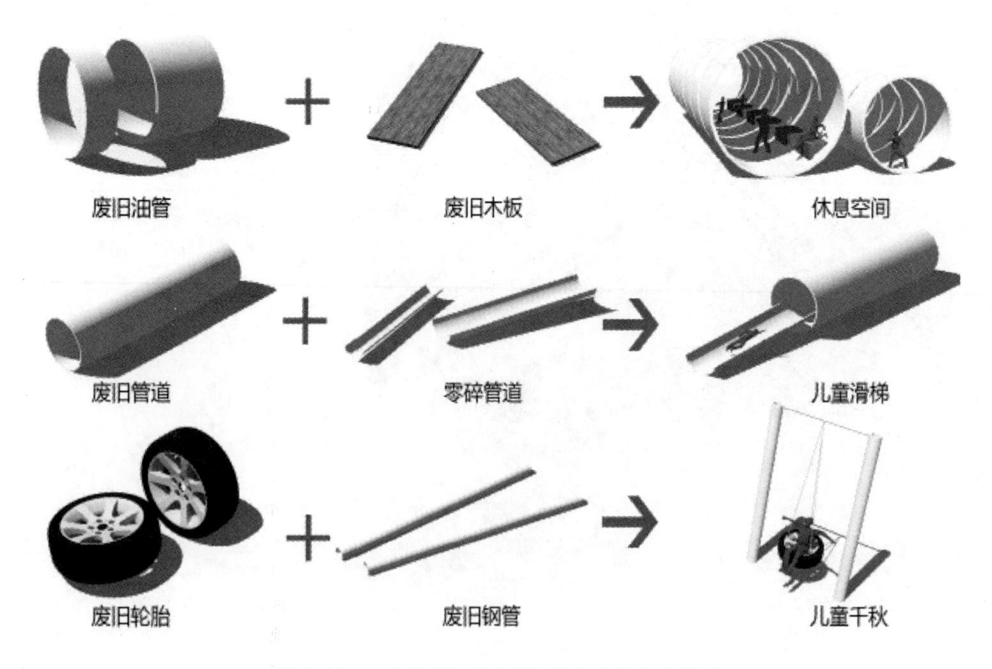

图 5-16　工业废弃物改造利用为游乐设施示意图

附录 图片资料信息

图1-1 来源 :http://philosophyol.com/pol/html/90/n-10790.html.

图1-2 来源 :[意] 贝纳沃罗. 世界城市史. 薛钟灵, 译. 北京 :科学出版社,2000.

图1-3 来源 :http://en.wikipedia.org/wiki/File:Zeche_Zollverein_Essen.

图1-4 来源 :http://en.wikipedia.org/wiki/File:Zeche_Zollverein_Essen.

图1-5 来源 :作者自摄。

图1-6 来源 :http://en.wikipedia.org/wiki/File:Zeche_Zollverein_Essen.

图1-7 来源 :作者自摄。

图1-8 来源 :作者自摄。

图1-9 来源 :作者根据旅游宣传单改绘。

图1-10- 图1-12 来源 :作者自摄。

图1-13 来源 :http://en.wikipedia.org/wiki/File:Zeche_Zollverein_Essen.

图1-14- 图1-17 来源 :作者自摄。

图1-18、图1-19 来源 :作者自摄。

图1-20 来源 :作者自摄。

图1-21 来源 :德国旅游宣传单。

图1-22 来源 :作者自摄。

图1-23、图1-24 来源 :王向荣,林箐.西方现代景观设计的理论与实践.北京 :中国建筑工业出版社,2002.

图1-25 来源 :http://www.landscape.cn/upfiles/Read/201105/20110526115309 28405.jpg.

图1-26 来源 :http://dnr.state.il.us/lands/landmgt/parks/sitemaps/buffalo_rock.gif

图1-27 来源 :http://p1.la-img.com/842/17232/5775205_2_l.jpg.

图1-28 来源 :http://p2.la-img.com/842/17232/5775205_3_l.jpg.

图1-29、图1-30 来源 :王向荣,林箐.西方现代景观设计的理论与实践.北京 :中国建筑工业出版社,2002.

图2-1 来源 :同济大学. 城市工业布置基础. 北京 :中国建筑工业出版社,1982.

图2-2 来源 :作者自摄。

图2-3 来源 :作者自摄。

图2-4 来源 :http://upload.wikimedia.org/wikipedia/commons/3/38/V%C3%B6lklinger_H%C3%BCtte._3.jpg.

图2-5 来源 :http://statt-strand-fluss.de/frankreich2010/bilder/voelklinger-huette/weltkulturerbe-voelklinger-huette-3.jpeg.

图2-6 来源 :http://www.allmystery.de/i/tum8gA8_19357133.jpg.

图2-7 来源 :http://upload.wikimedia.org/wikipedia/de/1/16/V%C3%B6lklh%C3%BCtte.jpg.

图2-8 来源 :刘抚英. 中国矿业城市工业废弃地协同再生对策研究. 南京 :东南大学出版社,2009.

图2-9 来源 :Y.simon. 生产流程基础培训. 培训课件. 2008.

图2-10 来源 :百度地图。

图2-11 来源 :作者自摄。

图2-12 来源 :http://bbs.godeyes.cn/upload/2008/01/17/091915.jpg.

图2-13 来源 :www.veryfoto.com/.../pavilion-of-future.html.

图2-14 来源 :commons.wikimedia.org/wiki/Image:Roros03.jpg.

图2-15 来源 :commons.wikimedia.org/wiki/Image:Lorentz_Loss...

图2-16 来源 :www.norwayvisitor.com/norwayvisitor/online_bo...

图2-17 来源 :www.flickr.com/photos/larigan/861186650/.

图2-18 来源 :www.pbase.com/brian13/image/59865697.

图2-19 来源 :commons.wikimedia.org/wiki/Image:Wales_blaena...

图2-20 来源 :作者根据旅游宣传单改绘。

图2-21 来源 :Roy Kift. 2003. Tour the Ruhr. Essen: Klartext Verlag.

图2-22 来源 :www.fahrradreisen.de/radwege/r98.htm.

图2-23- 图2-25 来源 :作者自摄。

图2-26- 图2-39 来源 :http://www.erih.net/.

图3-1 来源 :旅游宣传单。

图3-2 来源 :Roy Kift. Tour the Ruhr. Essen: Klartext Verlag.2003.

图3-3 来源 :宁波市规划局。

图3-4 来源 :http://webpages.scu.edu/ftp/jcoakley/images/gasworks.jpg.

图3-5 来源 :http://www.youthla.org/2010/05/new-understanding-to-old-cases-parc-andre-citroen/.

图3-6、图3-7 来源 :作者自摄。

图3-8- 图3-13 来源 :作者自摄。

图3-14- 图3-19 来源 :作者自摄。

图3-20- 图3-21 来源 :作者自摄。

图3-22- 图3-23 来源 :作者自摄。

图3-24- 图3-27 来源 :作者自摄。

图3-28 来源 :http://pics4.city-data.com/cpicc/cfiles31047.jpg.

图3-29 来源 :作者自摄。

图3-30 来源 :http://upload.wikimedia.org/wikipedia/commons/0/06/VH_pano4.jpg.

图3-31 来源 :肯尼斯 · 鲍威尔. 旧建筑改建与重建. 于馨,等译. 大连 :大连理工大学出版社, 2001.

图3-32 来源：《老建筑改造》编写组. 与设计对话,老建筑改造. 福州：福建科学技术出版社,2005.
图3-33 来源：《老建筑改造》编写组. 与设计对话,老建筑改造. 福州：福建科学技术出版社,2005.
图3-34 来源：芬兰建筑资讯有限公司. 伦佐皮亚诺："自然之魂"木建筑奖2000,(周浩明等译). 南京：东南大学出版社,2002.
图3-35 来源： http:// blog.livedoor.jp.
图3-36 来源：陆地. 建筑的生与死. 南京：东南大学出版社,2004.
图3-37 来源：肯尼斯 · 鲍威尔. 2001. 旧建筑改建与重建,(于馨等译). 大连：大连理工大学出版社. 84-85.
图3-38 来源：肯尼斯 · 鲍威尔. 2001. 旧建筑改建与重建,(于馨等译). 大连：大连理工大学出版社：134.
图3-39- 图3-42 来源：作者自摄。
图3-43- 图3-48 来源：作者自摄。
图3-49 来源：作者自摄。
图3-50 来源：http://design.yuanlin.com/html/article/2009-7/yuanlin_design_4280.html.
图3-51 来源：www.veryfoto.com/.../pavilion-of-future.html.
图3-52- 图3-57 来源：作者自摄。
图3-58 来源：http://www.turenscape.com/project/project.php?id=71.
图3-59 来源：http://www.turenscape.com/project/project.php?id=71.
图3-60 来源：http://usb.unitedsb.de/topic/197915-070712-electro-magnetic-voelklingen/.
图3-61、图3-62 来源：http://en.wikipedia.org/wiki/File:Zeche_Zollverein_Essen.
图3-63 来源：http://www.latzundpartner.de.
图3-64 来源：http://forgemind.net/phpbb/viewtopic.php?f=24&t=18034.
图3-65 来源：http://blog.zhulong.com/u/6331678/detail4317119.htm.
图3-66 来源：http://www.chla.com.cn/htm/2011/0114/72551.html.
图3-67 来源：http://www.chla.com.cn/htm/2012/0817/137151.html.
图 3-68、图 3-69 来源：作者自摄。
图 3-70、图 3-71 来源：作者自摄。
图3-72、图3-73 来源：王向荣,林菁.西方现代景观设计的理论与实践.北京：中国建筑工业出版社,2002.
图3-74、图3-75 来源：作者自摄。
图3-76、图3-77 来源：作者自摄。
图3-78 来源：作者自摄。
图3-79- 图3-81 来源：作者自绘。
图3-82- 图3-84 来源：作者自摄。
图3-85 来源：俞孔坚,庞伟. 足下的文化与野草之美——产业用地再生设计探索,岐江公园案例. 北京：中国建筑工业出版社,2003.

图4-1来源：彼得·拉兹.废弃场地的质变,(孙晓春译,刘晓明校).《风景园林》,创刊号,2005.
图4-2 来源：http://www.latzundpartner.de.
图4-3- 图4-10 来源：作者自摄。
图4-11 来源：作者自摄。
图4-12- 图4-13 来源：作者自摄。
图4-14 来源：作者自摄。
图4-15 来源：http://www.latzundpartner.de.
图4-16 来源：http://www.latzundpartner.de.
图4-17- 图4-20 来源：作者自摄。
图4-21 来源：Google earth 地图。
图4-22 来源：http://www.youthla.org/2010/05/new-understanding-to-old-cases-parc-andre-citroen/.
图4-23 来源：http://www.youthla.org/2010/05/new-understanding-to-old-cases-parc-andre-citroen/.
图4-24 来源：http://www.gardenvisit.com/assets/madge/andre_citroen_fountains/600x/andre_citroen_fountains_600x.jpg.
图4-25、图4-26 来源：http://www.youthla.org/2010/05/new-understanding-to-old-cases-parc-andre-citroen/.
图4-27、图4-28 来源：http://www.youthla.org/2010/05/new-understanding-to-old-cases-parc-andre-citroen/.
图4-29、图4-30 来源：http://www.youthla.org/2010/05/new-understanding-to-old-cases-parc-andre-citroen/.
图4-31 来源：http://architypes.net/files/image/cache/parc-andre-citroen-enclosed-garden.jpg.
图4-32 来源：http://www.glamourapartments.org/eng/wp-content/uploads/park-of-Citroen3.jpg.
图4-33、图4-34 来源：http://laurentlixi.blog.163.com/blog/static/1333250222012251945624503/.
图4-35 来源：王向荣,林菁.西方现代景观设计的理论与实践.北京：中国建筑工业出版社,2002.
图4-36 来源：http://spacecityseattle.org/?p=707.
图4-37 来源：http://upload.wikimedia.org/wikipedia/commons/6/66/Gas_Works_Park_23.jpg.
图4-38 来源： http://www.seattlephotographs.com/photos/gasworks_park/Gasworks_Park_photo_gallery.htm.
图4-39 来源：http://www.gogobot.com/gas-works-park-seattle-attraction_2.
图4-40 来源：http://blog.163.com/eastgua@126/album/#m=2&aid=137133595&pid=4483562334.
图4-41 来源：http://www.gogobot.com/gas-works-park-seattle-attraction_2.
图4-42 来源：http://upload.wikimedia.org/wikipedia/commons/a/ad/Gas_Works_Park_12.jpg.
图4-43 来源：http://fogwp.org/figures/fat_tire3.jpg.
图4-44 来源：http://www.xici.net/d73445946.htm.

图4-45 来源：戴代新. 后工业景观设计语言—上海宝山节能环保园核心区景观设计评议. 中国园林,(8):8-12,2011.
图4-46 来源：http://photo.blog.sina.com.cn/list/blogpic.php?pid=4cb13c37g7d0db8c11664&bid=4cb13c370100gb8z&uid=1286683703.
图4-47 来源：http://img1.ddmapimg.com/poi/980925_142943_20a.jpg.
图4-48 来源：http://bbs.local.163.com/bbs/localsh/232931266.html.
图4-49 来源：http://design.yuanlin.com/UpLoadFile/201006/20100629155423908.jpg.
图4-50 来源：http://design.yuanlin.com/UpLoadFile/201006/20100629155423908.jpg.
图4-51 来源：http://bbs.eastday.com/viewthread.php?tid=965764.
图4-52 来源：http://bbs.local.163.com/bbs/localsh/232931266.html.
图4-53 来源：http://www.yl103.com/yuanlin2.asp?page=75.
图4-54 来源：http://forums.nphoto.net/thread/2011-11/20/ff808081338a4bde0133c1890858283d.shtml.
图4-55 来源：http://www.yl103.com/yuanlin2.asp?page=75.
图4-56 来源：http://bbs.local.163.com/bbs/localsh/232931266.html.
图4-57 来源：http://bbs.eastday.com/viewthread.php?tid=965764.
图4-58 来源：http://www.yl103.com/yuanlin2.asp?page=75.
图4-59 来源：http://www.yl103.com/yuanlin2.asp?page=75.
图4-60 来源：http://img1.bbs.163.com/new/20111009/tuyou/hu/huayuanmm888.
图4-61 来源：戴代新. 后工业景观设计语言—上海宝山节能环保园核心区景观设计评议. 中国园林,(8):8-12,2011.
图4-62 来源：作者自摄。
图4-63 来源：http://blog.sina.com.cn/s/blog_48ab90b201001577.html.
图4-64- 图4-66 来源：作者自摄。
图4-67、图4-68 来源：作者自摄。
图4-69- 图4-70 来源：作者自摄。
图4-71 来源：作者自摄。
图4-72、图4-73 来源：http://photo.zol.com.cn/photo/5614504_800.html.
图4-74、图4-75 来源：http://photo.zol.com.cn/photo/5614504_800.html.
图4-76、图4-77 来源：自摄；http://blog.sina.com.cn/s/blog_48ab90b201001577.html.
图4-78 来源：http://blog.sina.com.cn/s/blog_48ab90b201001577.html.
图4-79、图4-80 来源：作者自摄。
图4-81- 图4-83 来源：作者自摄。
图4-84、图4-85 来源：作者自摄。
图4-86- 图4-93 来源：作者自摄。
图4-94 来源：百度地图。
图4-95 来源：http://www.boyie.com/zt/wb2008/.
图4-96 来源：作者自摄。
图4-97 来源：http://www.boyie.com/zt/wb2008/.
图4-98、图4-99 来源：作者自摄。
图4-100- 图4-105 来源：作者自摄。
图4-106、图4-107 来源：作者自摄。
图4-108、图4-109 来源：百度地图。
图4-110 来源：北京798 文化区导游地图。
图4-111 来源：作者自摄。
图4-112 来源：金秋野摄。
图4-113 来源：作者自摄。
图4-114 来源：http://www.endto.com/photo/art/30.html.
图4-115 来源：作者自摄。
图4-116 来源：金秋野摄。
图4-117、图4-118 来源：金秋野摄。
图4-119 来源：http://www.nipic.com/show/1/78/827d3e42f07643c5.html.
图4-120、图4-121 来源：金秋野摄。
图4-122 来源：作者自摄。
图4-123 来源：http://forums.nphoto.net/thread/2011-03/15/ff8080812e5573ce012eba15d7fd78af.shtml.
图4-124 来源：作者自摄。
图4-125 来源：http://my.dili360.com/home/space.php?uid=159392&do=album&picid=103767&goto=down#pic.
图4-126 来源：http://my.dili360.com/home/space.php?uid=159392&do=album&picid=103771&goto=down#pic.
图4-127 来源：作者自摄。
图4-128 来源：作者自摄。
图4-129 来源：http://forums.nphoto.net/thread/2011-03/15/ff8080812e5573ce012eba15d7fd78af.shtml.
图4-130- 图4-132 来源：作者自摄。
图4-133- 图4-135 来源：http://my.dili360.com/home/space.php?
图4-136 来源：作者自摄。
图4-137 来源：http://www.ctpn.cn/bbs/forum.php?mod=viewthread&tid=38940&page=1.
图4-138 来源：作者自摄。
图4-139 来源：作者自摄。
图4-140、图4-141 来源：http://my.dili360.com/home/space.php?
图4-142、图4-143 来源：作者自摄。
图4-144 来源：作者自摄。
图4-145 来源：作者自摄。
图4-146、图4-147 来源：唐山市规划局。
图4-148 来源：唐山市规划局。
图4-149、图4-150 来源：唐山市规划局。
图4-151- 图4-152 来源：http://jingyan.baidu.com/article/f3e34a1274f486f5eb6535e7.html.
图4-153 来源：http://www.xjlxw.com/d/file/hb/hebei/jingdian/4a8b332d069bf9750cde0d9cfed65e89.jpg.
图4-154、图4-155 来源：http://api.baike.baidu.com/albums/history/20692685.html#0$948bcfc82864df3f7e3e6f2f.
图4-156 来源：http://www.tuke.com/blog/bv/1/12546.
图4-157 来源：http://jingyan.baidu.com/article/f3e34a1274f486f5eb6535e7.html.
图4-158 来源：http://jw.sytu.edu.cn/jpkc/csjgyssj/link%20pics/06/a%20(6).jpg.
图4-159- 图4-160 来源：俞孔坚，庞伟. 足下的文化与野草之美—产业用地再生设计探索，岐江公园案例. 北京：中国建筑工业出版社，2003.
图4-161 来源：http://www.zsepb.gov.cn/en/projects/201001/

W020100115346886560520.jpg.
图4-162 来源 :http://img0.ddyuanlin.com/upload/photo/2008-11/107//d/xxiaozhang/11113323530612120.jpg.
图4-163 来源 :http://www.turenscape.com/ykj/design/show.php?id=71.
图4-164 来源 :http://upload.wikimedia.org/wikipedia/commons/9/93/Zhongshan013.jpg.
图4-165 来源 :http://jz.co188.com/content_drawing_54662945.html.
图4-166 来源 :http://img0.ddyuanlin.com/upload/photo/2008-11/107//d/xxiaozhang/11113323530612120.jpg.
图4-167、图4-168 来源 :http://jw.sytu.edu.cn/jpkc/csjgyssj/link%20pics/06/a%20(6).jpg.
图4-169 来源 :http://www.turenscape.com/ykj/design/show.php?id=71.
图4-170 来源 :http://www.civilcn.com/d/file/jianzhu/jztz/tuku/2010-10-26/b5e004c37b68714a15af38834603ab5f.jpg.
图4-171 来源 :http://751.zseso.com/photo/1154.html.
图4-172 来源 :http://gc.yuanlin.com/html/Project/2006-5/Pic_237.html?PicName=2006/2006512160343.jpg.
图4-173 来源 :http://news.gz.soufun.com/2008-03-27/1616225_all.html.
图4-174 来源 :http://751.zseso.com/photo/1154.html.
图4-175 来源 :http://751.zseso.com/photo/1154.html.
图4-176 来源 :http://news.gz.soufun.com/2008-03-27/1616225_all.html.
图4-177 来源 :http://img0.ddyuanlin.com/upload/photo/2008-11/107//d/xxiaozhang/11113323530612120.jpg
图4-178 来源 :http://upload.wikimedia.org/wikipedia/commons/f/fb/Zhongshan014.jpg.
图4-179 来源 :百度地图。
图4-180 来源 :http://blog.sina.com.cn/s/blog_4b672dd80100srhd.html.
图4-181 来源 :http://sjh024.blog.163.com/blog/static/134575463201052210243359/.
图4-182 来源 :http://yhb43.blog.163.com/blog/static/2981017020112280151 7683/.
图4-183 来源 :http://s14.sinaimg.cn/orignal/4a435293t91cb1313d4bd&690.
图4-184 来源 :http://service.photo.sina.com.cn/show_mop.php?type=orignal&pic_id=4b672dd8ha30aaedab883&pm=1&v=690.
图4-185 来源 :http://service.photo.sina.com.cn/show_mop.php?type=orignal&pic_id=4b6d27bahddde008247bb&pm=1&v=690.
图4-186 来源 :http://s14.sinaimg.cn/orignal/4a435293t91cb1313d4bd&690.
图4-187 来源 :http://www.yduoo.com/uploads/allimg/100619/54_100619082016_1.jpg.
图4-188、图4-189 来源 :http://blog.sina.com.cn/s/blog_4b672dd80100srhd.html.
图4-190 来源 :http://sjh024.blog.163.com/blog/static/134575463201052210243359/.
图4-191 来源 :http://service.photo.sina.com.cn/show_mop.php?type=orignal&pic_id=4b672dd8ha30aaedab883&pm=1&v=690.
图4-192 来源 :http://liaoning.nen.com.cn/liaoning/390/3771390_1.shtml.
图4-193 来源 :http://service.photo.sina.com.cn/show_mop.php?type=orignal&pic_id=4b6d27bahddde008247bb&pm=1&v=690.
图4-194 来源 :http://qhdlyping.blog.hexun.com/57341966_d.html.
图4-195 来源 :http://s14.sinaimg.cn/orignal/4a435293t91cb1313d4bd&690.
图4-196 来源 :http://service.photo.sina.com.cn/show_mop.php?type=orignal&pic_id=4b672dd8ha30aaedab883&pm=1&v=690.
图4-197 来源 :http://qhdlyping.blog.hexun.com/57341966_d.html.
图4-198 来源 :http://blog.sina.com.cn/s/blog_4b672dd80100srhd.html.
图4-199 来源 :http://s14.sinaimg.cn/orignal/4a435293t91cb1313d4bd&690.
图4-200 来源 :http://blog.sina.com.cn/s/blog_4b672dd80100srhd.html.

图5-1 来源 :百度地图。
图5-2 来源 :方案设计者绘制。
图5-3 来源 :http://www.1stv.cn/news_4539.html.
图5-4 来源 :http://hz.focus.cn/news/2009-09-15/757905.html.
图5-5 来源 :方案设计者绘制。
图5-6 来源 :方案设计者绘制。
图5-7 来源 :方案设计者绘制。
图5-8 来源 :方案设计者绘制。
图5-9 来源 :方案设计者绘制。
图5-10 来源 :方案设计者绘制。
图5-11 来源 :方案设计者绘制。
图5-12 来源 :方案设计者绘制。
图5-13 来源 :方案设计者绘制。
图5-14 来源 :方案设计者绘制。
图5-15 来源 :方案设计者绘制。
图5-16 来源 :方案设计者绘制。

参考文献

[1] 王向荣，林菁．西方现代景观设计的理论与实践[M]. 北京：中国建筑工业出版社，2002.

[2] [意]贝纳沃罗．世界城市史[M]. 薛钟灵，译．北京：科学出版社，2000.

[3] 刘伯英，冯钟平．城市工业用地更新与工业遗产保护[M]. 北京：中国建筑工业出版社，2009.

[4] 刘抚英．中国矿业城市工业废弃地协同再生对策研究[M]. 南京：东南大学出版社，2009.

[5] 刘伯英．城市工业地段更新的实施类型[J]. 建筑学报，2006(8)：21-23.

[6] 吴唯佳．对旧工业地区进行社会、生态和经济更新的策略——德国鲁尔地区埃姆歇园国际建筑展[J]. 国外城市规划，1999(3)：35-37.

[7] 张杰．伦敦码头区改造——后工业时期的城市再生[J]. 国外城市规划，2000(2)：32-35.

[8] 张险峰，张云峰．英国伯明翰布林德利地区——城市更新的范例[J]. 国外城市规划，2003，18(2)：55-62.

[9] 刘键．城市滨水区综合再开发的成功实例——加拿大格兰威尔岛更新改造[J]. 国外城市规划，1999(1)：36-38.

[10] 张松．历史城市保护学导论——文化遗产和历史环境保护的一种整体性方法[M]. 上海：上海科学技术出版社，2001.

[11] 刘抚英．德国埃森"关税同盟"煤矿Ⅻ号矿井及炼焦厂工业遗产保护与再利用[J]. 华中建筑．2012，30(3)：179-182.

[12] 刘抚英，邹涛，栗德祥．德国鲁尔区工业遗产保护与再利用对策考察研究[J]. 世界建筑，2007(7)：120-123.

[13] 刘抚英，潘文阁．大地艺术及其在工业废弃地更新中的应用[J]. 华中建筑，2007，25(8)：71-72.

[14] 任海，彭少麟．恢复生态学导论[J]. 北京：科学出版社，2001.

[15] 刘会远，李蕾蕾．德国工业旅游与工业遗产保护[J]. 北京：商务印书馆，2007.

[16] 同济大学，重庆建筑工程学院．城市工业布置基础[J]. 北京：中国建筑工业出版社，1982.

[17] 刘伯英，冯钟平．城市工业用地更新与工业遗产保护[J]. 北京：中国建筑工业出版社，2009.

[18] 贺旺．后工业景观浅析[D]. 北京：清华大学，2004.

[19] 刘抚英，崔力．旧工业建筑空间更新模式[J]. 华中建筑，2009，27(3)：194-197.

[20] [英]肯尼斯·鲍威尔．旧建筑改建与重建[M]. 于馨，译．大连：大连理工大学出版社，2001.

[21]《老建筑改造》编写组．与设计对话：老建筑改造[M]. 福州：福建科学技术出版社，2005.

[22] 芬兰建筑资讯有限公司．伦佐皮亚诺："自然之魂"木建筑奖2000[M]. 周浩明，译．南京：东南大学出版社，2002.

[23] 陆地．建筑的生与死——历史性建筑再利用研究[M]. 南京：东南大学出版社，2004.

[24] 华晓宁．从大地艺术到大地建筑[J]. 艺术评论，2010(5)：71-78.

[25] 李洪远，鞠美庭．生态恢复的原理与实践[M]. 北京：化学工业出版社，2003.

[26] 俞孔坚，庞伟．足下的文化与野草之美——产业用地再生设计探索，岐江公园案例[M]. 北京：中国建筑工业出版社，2003.

[27] 刘抚英，邹涛，栗德祥．后工业景观公园的典范——德国鲁尔区北杜伊斯堡景观公园考察研究[J]. 华中建筑，2007，25(11)：77-84.

[28] 郭湧．承载园林生活历史的空间艺术品——解读法国雪铁龙公园[J]. 风景园林，2010(6)：113-118.

[29] 孙晓春，刘晓明．构筑回归自然的精神家园——当代风景园林大师理查德·哈格[J]. 中国园林，2004(3)：8-12.

[30] 戴代新．后工业景观设计语言——上海宝山节能环保园核心区景观设计评议[J]. 中国园林，2011(8)：8-12.

[31] 沈瑾，赵铁政．2006. 棕地与绿色空间网络——唐山南湖采煤沉陷区空间再利用[J]. 建筑学报，2006(8)：28-30.

[32] Brian Clouston. Landscape design with plants [M]. London: William Heinemann Ltd, 1977.

[33] Brown B. Reconstructing the Ruhrgebiet [J]. Landscape Architecture, 2001, 4: 66-75.

[34] Brebbia C A, Almorza D, Klapperich H. Brownfield sites : assessment, rehabilitation and development [M]. Southampton: WIT Press, 2002.

[35] Dieter D. Genske. Urban Land [M]. Berlin Heidelberg: Springer-Verlag, 2003.

[36] Elizabeth Glass Geltman. Recycling land : understanding the legal landscape of brownfield development [M]. Ann Arbor: University of Michigan Press, 2000.

[37] Hok-Lin Leung. Land use planning made plain [M]. Toronto: University of Toronto Press Incorporated, 2003.

[38] 麦克哈格 I. 设计结合自然 [M]. 芮经纬，倪文彦，译 . 北京：中国建筑工业出版社，1992.
[39] Jackson J B. Discovering the Vernacular Landscape [M]. Yale University Press, New Haven, MA, 1984.
[40] Joe Hajdu. 德国鲁尔的“前世今生”[J]. 中国国家地理，2006，(6)：84-95.
[41] Judith M. Emscher Park, Germany-expanding the definition of a “park” [C]//David Harmon, (eds), Crossing Boundaries in Management: Proceedings of the 11th Conference on Research and Resource Management in parks and on Public Lands. Hancock, Michigan: The George Wright Society, 2001, 222-227.
[42] Robinson Kirsten J. 探索中的德国鲁尔区城市生态系统：实施战略[J]. 王洪辉，译 . 国外城市规划，2003（6）：3-25.
[43] Lynch K. Urban design [C] //T.Banerjee and M.Southworth (Eds.) , City Sense and City Design. The MIT Press, 1990.
[44] Niall Kirkwood. Manufactured sites : rethinking the post-industrial landscape [M]. London ; New York : Spon Press, 2001.
[45] Roy Kift. Tour the Ruhr [M]. Essen: Klartext Verlag, 2003.
[46] Rudofsky Bernard. Architecture without Architects [M]. University of New Mexico Press, 1964.
[47] Van der Ryn, Sim and Cowan Stuart. Ecological Design [M]. Island Press Washington. D.C, 1996.
[48] Venturi R, Brown DS, Izenour S. Learning From Las Vegas [M]. The MIT Press,Cambridge, MA, 1972.
[49] World Commission on Environment and Development. Our Common Future [M]. Oxford, U.K: Oxford University Press, 1987.
[50] 普鲁金 О И. 建筑与历史环境 [M]. 韩林飞，译 . 北京：社会科学文献出版社，1997.
[51] 常青 . 建筑遗产的生存策略——保护和利用设计实践 [M]. 上海：同济大学出版社，2003.
[52] 陈伯超，张艳锋 . 城市改造过程中的经济价值与文化价值——沈阳铁西工业区的文化品质问题 [J]. 现代城市研究，2003（6）：17-22.
[53] 单霁翔 . 从“文物保护”走向“文化遗产保护”[M]. 天津：天津大学出版社，2008.
[54] 谷泉 . 大地艺术 [J]. 美术观察，2001（7）：68-74.
[55] 侯昶 . 介绍德国对旧工业建筑处理方案的一种选择原则和方法 [J]. 工业建筑，1995，25（7）：63-64.
[56] 李冬生，陈秉钊 . 上海市杨浦老工业区工业用地更新对策——从“工业杨浦”到“知识杨浦”. 城市规划，2005（1）：44-50.
[57] 林沄 . 历史建筑保护修复技术方法研究——上海历史建筑保护修复时间研究 [D]. 上海：同济大学，2005.
[58] 刘聪 . 大地艺术在现代景观设计中的实践 [J]. 规划师，2005，21（2）：107-110.
[59] 刘悦笛 . 当代“大地艺术”的自然审美省思 [J]. 哲学动态，2005，8：51-56.
[60] 罗思东 . 美国城市的棕色地块及其治理 [J]. 城市问题，2002（6）：64-67.
[61] 牛慧恩 . 美国对“棕地”的更新改造与再开发 [J]. 国外城市规划，2001（2）：30-31，26.
[62] 钱静 . 技术美学的嬗变与工业之后的景观再生 [J]. 规划师，2003，19（12）：36-39.
[63] 戎俊强 . 城市更新中工业类历史建筑及地段的保护性改造再利用 [D]. 南京：东南大学，2000.
[64] 阮仪三 . 城市遗产保护论 [M]. 上海：上海科技出版社，2005.
[65] 邵甬 . 理想空间——城市遗产保护与研究 [M]. 上海：同济大学出版社，2004.
[66] 唐晓峰 . 对工业遗产的认同 [J]. 中国国家地理，2006（6）：44.
[67] 王建国 . 后工业时代产业建筑遗产保护更新 [M]. 北京：中国建筑工业出版社，2008.
[68] 王向荣，任京燕 . 从工业废弃地到绿色公园——景观设计与工业废弃地的更新 [J]. 中国园林，2002（3）：11-18.
[69] 王以彭，李结松，刘立元 . 层次分析法在确定评价指标权重系数中的应用 [J]. 第一军医大学学报，1999，19（4）：52-54.
[70] 王章辉，孙娴 . 工业社会的勃兴 [M]. 北京：人民出版社，1995.
[71] 文玉 . 大地艺术与当代景园设计 [J]. 规划师，1999，15（3）：127-131.
[72] 邬建国 . 景观生态学——格局、过程、尺度与等级 [M]. 北京：高等教育出版社，2000.
[73] 薛建锋 . 生态设计在后工业景观中的应用 [D]. 西安：西安建筑科技大学，2006.
[74] 阳建强，吴明伟 . 现代城市更新 [M]. 南京：东南大学出版社，1999.
[75] 俞孔坚，方琬丽 . 中国工业遗产初探 [J]. 建筑学报，2006（8）：12-15.
[76] 张红卫，蔡如 . 大地艺术对现代风景园林设计的影响 [J]. 中国园林，2002（3）：7-10.
[77] 张红卫 . 熵与开放式新景观——哈格里夫斯的景观设计 [J]. 新建筑，2003（5）：52-55.
[78] 张平宇 . 英国城市再生政策与实践 [J]. 国外城市规划，2002（3）：39-41.
[79] 左琰 . 德国柏林工业建筑遗产的保护与再生 [M]. 南京：东南大学出版社，2007.

Zollverein
MR

57590

Ingersoll-Rand

吴冠中
走进
798

UCCA
ULLENS CENTER FOR
CONTEMPORARY ART
UCCAstore

2009年5月18日，北方重工搬迁停产前，最后一炉铁水浇筑的“铁西”两字，每字重3吨，留做永久纪念。

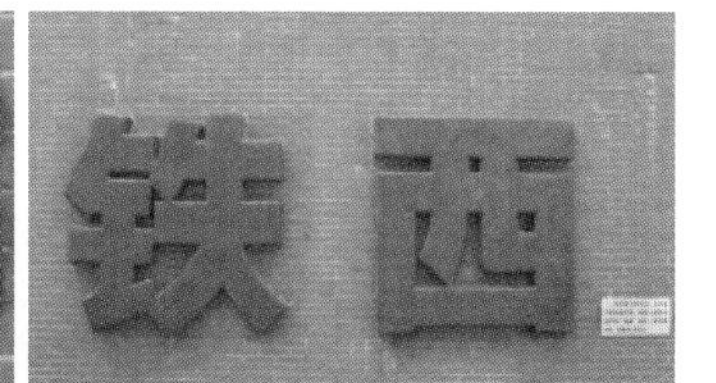

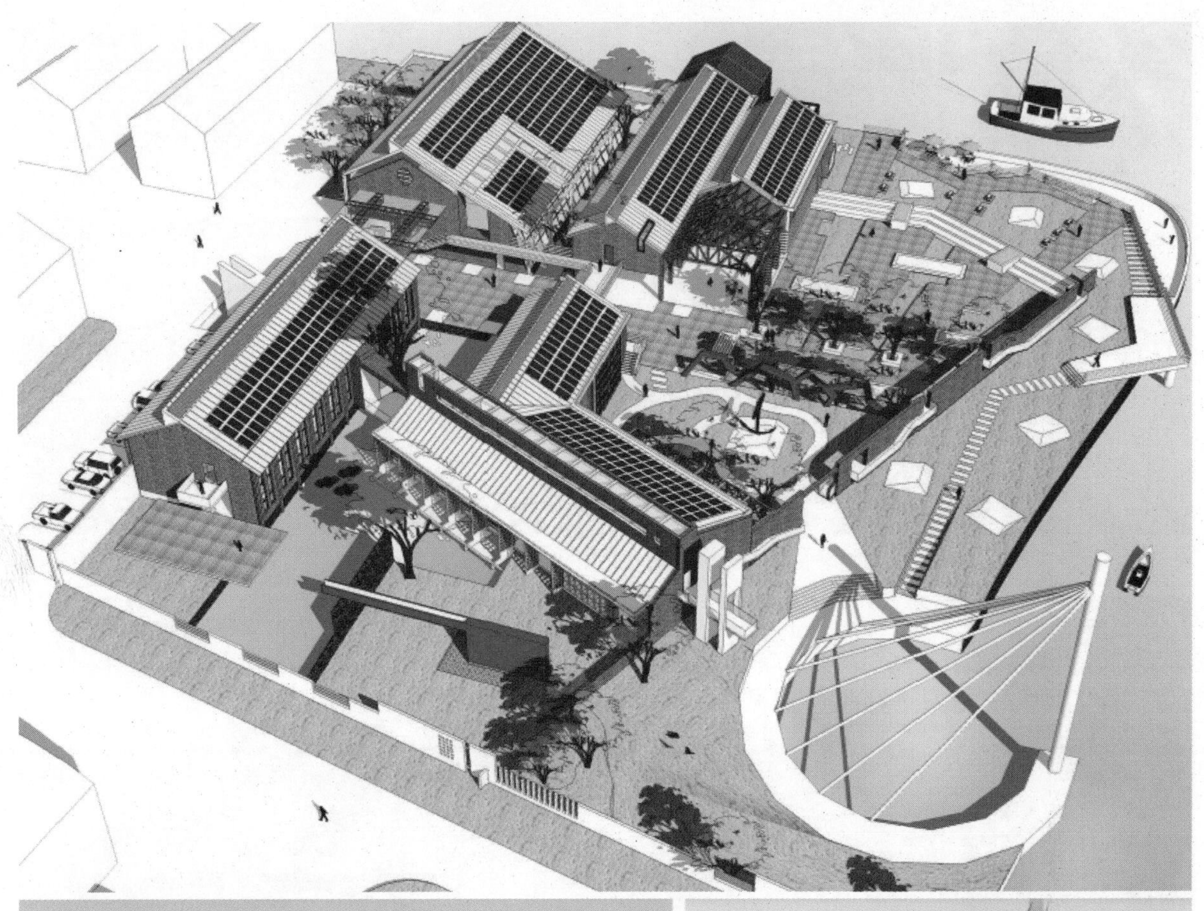